U0156309

门道茶仓

时间的味道

Mendao
Tea Warehouse

The Taste of Time

张齐岩

编著

中国农业出版社·北京

引
子

Introduction

2020 年的春节，对每一个中国人而言都是一段特殊的经历和记忆。新冠肺炎疫情突发，我们不得不待在家中，世界一下安静下来。原本迎来送往的门道茶仓，突然变得门可罗雀，旁边的珠江水拍打着江岸虽喧嚣却给人空旷之感，茶室近乎岑寂，我独自喝着茶，有一种剧场人群散去的孤单和安宁。

独处令人沉静，也让人沉思，喝一道茶，看一看茶仓里的老茶、新茶，恍然间发现，我走进普洱茶的世界已经二十余年了。

现实的世界，时间在匀速流动，我们在时间里长大变老。而在普洱茶的世界，时间有着不一样的流速。有时，我会期待时间快一点，这样就能早一点发现茶在时空里变化后呈现的惊喜。有时，我又会希望时间慢一点，那多半是因为在一杯茶里，领略到了悠闲时光的美好。而最终，我会坦然面对时间的自然流动，一如门道茶仓之侧的珠江水，时疾时徐，却不悲不喜，自有其律动。

可以说，最终是在普洱茶的身上，我找到了与时间相处的方式。二十多年的时光让我发现，普洱茶已不单纯是一种习以为常的饮品，它还是艺术的存在，甚至，是一种精神的存在。普洱茶好像在诉说着万物有灵、平衡和自然最美。

III

忘记了是从哪里看到过这样一句话，我们身处的时代，从来不缺变化，但真正让我们仰赖的却是不变的东西。比如，我记得刚到广州时，珠江就是那样日复一日地流淌，滋润着这座上千万人的城市。再比如，我也记得第一次喝到普洱老茶，像捕捉到了旧时光般熨帖，让人心安。又比如，我还记得刚开始踏入茶门，内心涌动着兴奋、欢悦和忐忑；时至今日，做每一款茶时，心情依旧如斯。这诸多不变的东西，让我坚定，也给我面对未来的勇气。

溯流而上，一切要从珠江说起。珠江是中国第二大河流，是南方的生命之江，亦是我找寻到此生寄托的福江。

珠江具有得天独厚的运输条件，自古以来遍布许多港口。顺流而下，珠江有大量的码头，其中就包括芳村码头。芳村码头对着的河面，是珠江流经广州最宽、最深的一段，这里白天碧波荡漾，夜晚明月辉映江中，是著名的旧羊城八景之一"鹅潭夜月"。

二十世纪五十年代，政府在芳村一带建了很多仓库，主要用来存储粮食、食品等物资。这些仓库是典型的新中国成立之初的建筑，墙体厚重，通风透气性良好。后来，随着经济转型，仓库被搁置下来。二十世纪九十年代末，我一眼看中了这些被遗忘在河畔的仓库，它们安然、持重，堪称"唯有门前珠江水，春风不改旧时波"，与在时光中悄然芬芳醇厚的普洱茶倒也相得益彰。

苏东坡说"此心安处是吾乡"。站在芳村码头，看着江面上停泊的轮船，我想象一船茶由这里起航又归来的情景，流落他乡的游子终于回家，那一刻，风平浪静，此心安宁。这里便成为门道的家、茶的家，也成了我安放此生的茶乡。

新茶、中期茶、老茶，在质朴而厚重的茶仓里齐聚一堂，不问彼此来路，但求以后的岁月互相帮衬照顾。它们也会窃窃私语吧，以茶的语言，交谈彼此来自哪一座山，跋涉过哪一条河，追味或久远或新近的往事，期待着遇到故知新欢，在水中重新绽放生命。

与茶仓比邻而居的是门道茶室，落地窗外，上百年的大榕树下绿草茵茵。数十米外，是波涛汹涌的珠江。偶尔有轮船的鸣笛，沧桑而悠远。晴朗的日子，云朵从蓝天中飘过，倒映在江水之上，与波涛同起伏。有雨的日子，雨打屋檐，煮一壶老茶，时间仿佛可以在一杯茶汤中溯洄从之，回到遥远的过去。

很多人问我"门道"二字的由来。至今犹记，二十多年前，尚未起名。一天晚上，我和来自马来西亚的好友陈景岗在江湾茶室喝茶，我们坐在位于四十四层楼的茶室的落地窗前，喝着龙马同庆号，眺望着窗外流光溢彩的珠江、繁华的羊城街景。号级老茶散发出醇厚香甜的味道，让我们瞬间陶醉。愈久愈香，弥足珍贵，这就是普洱老茶的味道。

我们喝着普洱茶，聊着做茶、喝茶的诸多感受，渐入佳境。好茶是能让身心打开的，某一刹那，我们体会到了"禅茶一味"的通透，当时，如开悟般，"门道"这个名字在脑海里乍现，脱口而出。

简单来说，"门道"乃"寻茶之门，藏茶之道"，探寻的是一种变与不变之间的哲学。门的标准与规格是不变的，道则遵循自然之法则，千变万化，又不离其宗。而这也符合我们做茶及经营的理念，一是蕴含着道即自然，茶仓中的茶均需遵循自然之道；二是茶无门也有门，无门是迎天下客，有门是茶中有知己，遇到方知有，遇不到也不强求。门中有道道无门，道外非门门即道，是谓门道也。

茶的世界博大而精深，尤其是普洱茶，更是有太多不可言说的神奇，时至今日，我也不敢说自己已登堂入室。这是一条只有开始没有结束的路，没有人敢说自己全懂了，只能是走到哪里有阶段性的了悟。有点像太极，在招数之内，又在招数之外，是无界的武功。茶是可以观照的，只能看到当下，而无法预知未来。

普洱茶的一生映照着人生的百年，每一个阶段都各有不同。茶的尴尬期就像人生的下坡路，状态不稳定而不知所从，要善于等待，蓄势而发，终会在谷底反弹，迎来上升期。看茶，喝茶，读茶，既能去除烦闷，也能消灭困惑，每一次等到苦涩褪去，就转化为绵长的甘甜。

茶中有时间的轮回，有奇妙的际遇。一年一年，我见证一饼茶的诞生，眼见茶叶从生长在枝头，到被采摘后变成毛茶，再运送至茶厂生产制作，再到茶仓里存储，以及之后在世界各地的漂流。奇妙的是，一饼茶，经过若干年的流转，带着自身独特的味道，最终又再次回到了我的手中。

我总是会想象，这些茶在漂流的时光里经历了什么，当我这样想象时，会打开一饼茶，用滚烫的水唤醒它，茶汤在唇齿间流过，我就能听到一饼茶无声的诉说。在漫长的时间里徜徉，浮生梦欺茶不欺，茶是时间最忠诚的守护者。

茶是一面镜子，你如何对它，它就会如何回馈你。在一个好的环境中，有益菌群的呵护下，普洱茶亦向着风味绝佳而行，反之亦然。包括泡茶，虽有技术性的差异，但态度上的诚恳与尊重似乎在一杯茶汤的呈现中扮演更重要的角色。一期一会，泡茶人是茶与饮者的桥梁和向导，唯有珍重方能给予喝茶人期待的味道。可以说，我一直和茶互相观照，茶比我更真诚，诚不欺我也。

茶是有生命的，而一饼普洱茶，在时间里等待，无声转化，最终找到了独特的生命韵律。我想要与你分享的，正是这份关于茶、关于时间、关于生命韵律的故事。我正在讲述的，正是我从珠江水里打捞出的，关于茶的味道与记忆。

目
录

Contents

Introduction 引　子

025 Part 1 第一章　自然的馈赠
The Gift of Nature

031 第一节　南方的召唤
034 第二节　遇见生命中的那杯茶
039 第三节　是初相遇，又是久别重逢
047 第四节　普洱茶路，拨开岁月的烟尘
052 第五节　"一带一路"上的茶香
062 第六节　他乡的忘忧草
065 第七节　老茶中的生活与生意
071 第八节　马来西亚的"小仓"与"大仓"
075 第九节　普洱茶，一门通往世界的无声语言

107 Part 2 第二章　时空的礼物
The Gift of Time
and Space

113 第一节　干仓时代的到来
120 第二节　去茶的故乡走一走
131 第三节　龙马同庆号：二见钟情
136 第四节　无声的线索
141 第五节　时空的礼物

167 Part 3 第三章　平衡的艺术
The Art of Balance

173 第一节　寻找平衡的滋味
179 第二节　风里蜜花香
184 第三节　爱是起点和终点
191 第四节　微生物造就的风味

219 Part 4
Aesthetics of Life

第四章　生活的美学

225　第一节　浮生梦欺茶不欺
232　第二节　唤醒茶的第三次生命
238　第三节　一水一壶皆是道
242　第四节　一碗茶汤的磁场
249　第五节　我在时间里等你

253 Conclusion
Who's in the Middle
of the tea

尾声　茶香流淌，谁在中央

261 Postscript

致谢

265 Appendix
How Mendao's Dry
Warehouse Tea is Made

附录　门道干仓茶的转化密码

III

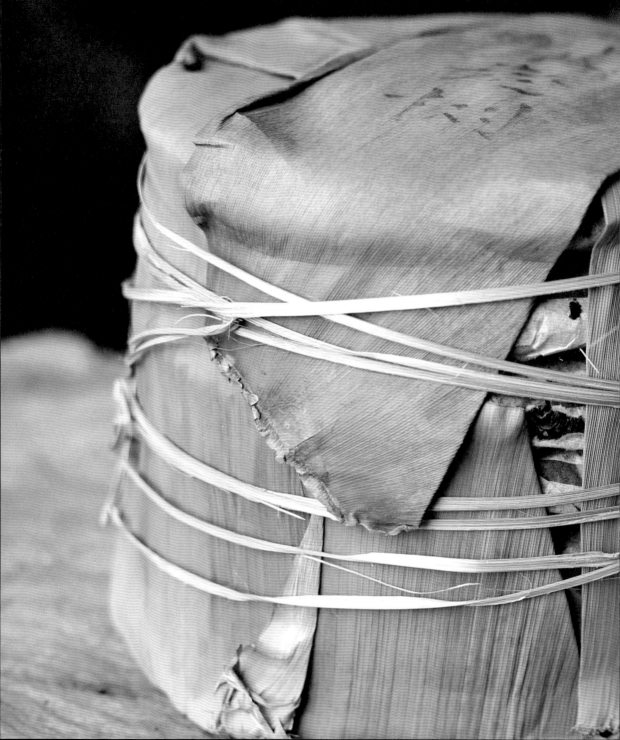

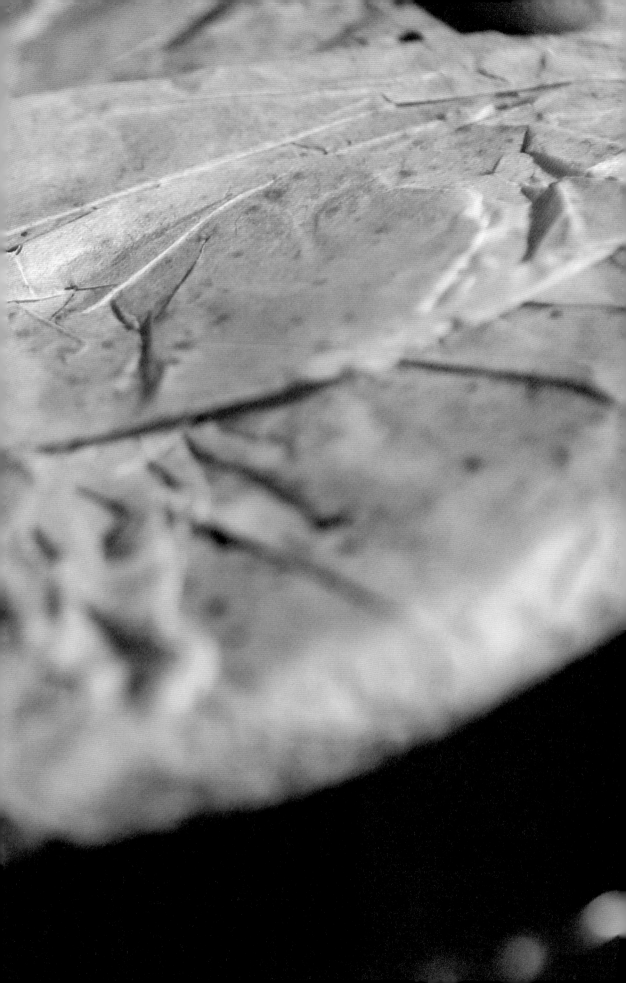

自然的馈赠

第一章

Part

1

The Gift of Nature

遇见茶，

是一场美丽的意外。

遇见普洱茶，方知一入茶门，

无路可回，只能以深情共白首。

门道茶仓，

是为不负自然的馈赠而做的偶然试探。

却因对自然的尊重和敬畏，

成就了必然的滋味。

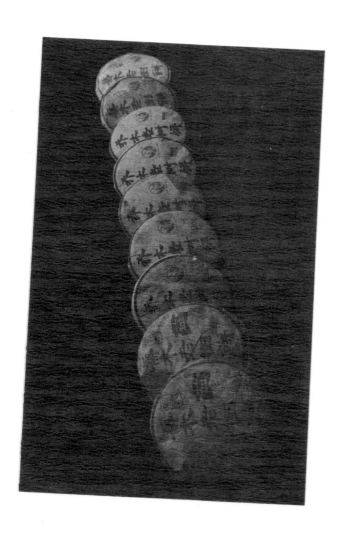

第一节 南方的召唤

一个人的一生会书写怎样的故事，遇到怎样的人，与其个人气质分不开。我深深相信，能够遇到茶只因为我的生命密码里，藏有如茶般静谧的香。

我出生在北方，是白山黑土孕育出的孩子。我的父母淳朴、善良，诚实、勤恳是他们的人生箴言。他们如北方的大地一样，胸怀宽广，性情却沉稳内敛，润物细无声般给我温暖而丰饶的滋养。在家里面，对我影响最大的是我的奶奶。奶奶出生于清朝末年，祖籍山东，家里是中医世家。她受过完整而正规的传统文化教育，尊崇儒家文化，熟知孔孟之道。在我们家族里，奶奶是我们兄弟姐妹的第一任老师，她得闲的时候，会把孩子们聚在一起，教我们读《论语》，给我们讲儒家故事。在奶奶的故事里，她总是格外强调做人要有格局，更要有担当，不能局限于眼前的一粥一饭，要志存高远，有抱负有志向。

在我的记忆中，奶奶从来没有发过脾气，脸上总是带着慈悲的微笑，附近的邻居遇到困难生了病都会找她，她总是不遗余力地给予帮助。当时大家的生活都不富裕，奶奶却从来都是笑着给我们讲未来与希望，让我们对美好的生活充满憧憬。

春风化雨，家庭和亲人对一个人的影响是无形的。在人格形成重要的童年少年时期，我的父母和我的奶奶给了我温暖、包容、辽阔、坚韧的生命底色。

我虽出生在远离南方水乡的黑土地上，却很早就对那一片未知的温润领域心生向往。于是还在做学生的我，就渴望着自己有朝一日能够走出家乡，以这片土地赋予我的乐观、豁达、坚毅、硬朗，去实现生命另一个纬度的丰盈与繁华。

1997年，我离开了成长的土地，去往未曾踏足的南方，追寻我们那一代人在心中沸腾已久的梦想。南下的火车上，在我想象着即将抵达的未来时，视线却在一片完全不同的翠色中沦陷。那一个个奇形怪状的山坡，生长着生机勃勃、翠色欲滴的茶树，绿油油的一片，是我只在报纸和电视上看过的茶乡景色。真的是太美了，我不禁感慨，心里充满欢喜。

到了广州，南国温热的风吹拂着我的脸颊，我的心却因为语言不通、生活习惯不适等诸多现实问题而沉了下来。生长在北方的我，完全没有想到还有粤语，还有另外一种生活方式。离开了被父母呵护照顾的生活，第一次面对真实的世界，在阵痛与适应中，人生迎来了一次真正的成长。

面对崭新的工作生活，奶奶的话在耳畔响起。我意识到只有在困境中人才能成长成熟。我暗暗给自己鼓劲，我一定要做出一些成就，只有这样才能给家人给自己一份满意的答卷。

广州，一座与故乡全然不同的城市，蜿蜒流淌的珠江水包围着它、灌溉着它，深深地震撼着我。这里不似家乡那般宁静安详，奔腾的珠江水带来的是另一种境界的生机勃勃。我一下就爱上了这座城市，也爱上了手中芳香四溢的那杯茶。二十世纪八十年代，国家推行改革开放的政策后，广州秉持"敢为天下先"的地域品格，推开了经济繁荣发展的大门。广州聚集了数以万计的外资工厂，广交会交易数百亿美元，这种状况在二十世纪九十年代末吸引了全国的目光，当时的广州可谓风华正茂、意气风发，吸引了

图一

033

五湖四海的年轻人来到这里，开启青春的冒险，追寻热气腾腾的梦想。

广州经济的发展先人一步，生活也比其他城市优渥富足。作为一个北方人，平生第一次见识一个城市的早茶可以持续到中午，吃点心，喝茶，谈生意，从容不迫，优裕自在。我爱上了广州这座生活气息浓郁且崇尚商业精神的城市，我生命的另一个篇章也在这里打开。

第二节　遇见生命中的那杯茶

广州这颗岭南明珠，之所以让无数他乡之客流连忘返，就在于它始终蕴含着海纳百川的精神，充满着富足一方的商业磁场和敢吃第一口螃蟹的大无畏气度。穿行于大街小巷，随处可闻到普洱茶的芳香。那香气与江雾融合，袅袅升腾，带着古朴和厚重，穿越时空，与一个个嗜茶者陈化于岁月如歌的长河之中。

千百年来，一条珠江从市中心流过，将城市一分为二。那静静的江水既流淌着无数成功者的欢欣与喜悦，也沉淀着一个又一个失败者的心酸和眼泪。那是一个热火朝天的时代，一切都是欣欣向荣的模样，我热情地奔向人生的第一份工作，全力以赴，不留余地。那时我在安溪国营茶厂的广州办事处实习，那里是铁观音在华南的营销中心。在实习期间，我遇到了很多茶界的老师、前辈，无论是在专业上，还是在工作方式和态度上，他们都让我受益匪浅。

茶厂的林书记是招我进厂的伯乐，也是带我走进茶界的前辈。一开始走上工作岗位，我就没有打工者的心态，而是把工作当成施展抱负实现梦想的舞台。每天我都是第一个到公司，最后一个下班，每天工作在十四个小时以上，我跟着老茶师学拼配、学泡茶，跟着销售人员了解客户需求，很快就了解了铁观音的各种香型、各个产区的特点。林书记看在眼里，他觉得我一个北方的姑娘只身来到南方，如此能吃苦耐劳，而且能在这么短的时间内了解铁观音并掌握它的香型，是有学茶天分的。

我一直问林书记怎样才能做好茶，他告诉我，先做好人，人做好，茶自然就好了。这句话我始终铭记在心，后来，它成为指引我做茶的灯塔。如果说奶奶教会了我怎样做人，林书记则教会了我如何做事、如何做茶。

当时，广州、香港有很多迷恋乌龙茶的客户，他们是真的爱茶，离不开茶。我跟这些资深茶迷真诚交流，他们给了我一手的反馈。而这个过程，让我了解到客户的真实需求。归根结底，茶作为一种商品，只有客户喜欢和接受，才会实现它的最大价值。他们喝到喜爱的茶时，总是由衷地开心，我也会有成就感和满足感。

茶厂的老茶师是我专业上的领路人，是带我入茶门的师父。那时，我们所有员工都住在集体宿舍里，其中也包括负责产品的老茶师。这些老茶师是茶厂返聘的当地知名的茶叶专家，跟学院派出身的教授专家不同，他们大半辈子都在一线工作，一直跟茶园、茶农、茶叶打交道，专业知识相当扎实，更有丰富的实践经验。我很勤快，又喜欢做饭，老茶师都很关照我。每天工作之余，我最大的乐趣就是跟着他们学茶。

有一位老茶师令我印象深刻，他在安溪当地非常有名，对乌龙茶尤其是铁观音的来历、香型等如数家珍。记得他教我品评时，拿出各种各样的茶样，一个个观察，一个个开汤审评。我跟着他学

图二

品评，凡是安溪的茶，哪个级别、哪个产区、拼配用了哪些料，他都能品出来。跟着他，我学到了很多东西，尤其是打下了坚实的拼配基础。

那时，办事处经常来一些茶界大咖考察访问。有一年，张天福老先生来广州，我胆子大，泡了很多茶，然后考他，他很厉害，安溪茶厂的茶，按级别，按品类，他都能准确说出来，这个是大叶乌龙，这个是毛蟹，这个是铁观音……看着老先生认真评鉴的样子，让人由衷地佩服，更让我找到了学习的动力。从这些老茶师和茶界前辈那里，我平生第一次知道，茶的世界如此丰富多彩，可能穷尽一生也无法掌握它的全部。也正是从这些经验老到的老茶师身上，我系统地学习到了铁观音的特性、制作、拼配及审评。有了铁观音的基础，在其他茶类上便触类旁通，我算是入了茶门。

我也非常感谢办事处的那些同事。开始工作之后，因为我敢拼敢干，茶厂领导很快把我提到了主管的位置。我不断逼着自己学习，逼着自己成长，是因为我置身于来自茶乡的同事之中，他们打小接触茶，比我的基础好。

现在回想起来，我当时的同事给了我很多压力，也给了我很多动力，我只有认真拼命工作、学习，才能追得上他们，得到他们的认可。我们都处在销售的前端，既是携手共进的同仁，也存在一定的竞争关系，工作氛围热烈而充满活力，能让人快速成长。有些同事后来回到了安溪，直到现在，我们还经常联系，他们邀请我去安溪喝茶。

起初的三年，我铆足了劲学习，跟着茶厂的老茶师学品评、学拼配，跟着销售能手学经营销售。整整三年，我没有迟到过一次，更没有请过一天假，甚至我都没有回家，总想着自己能干出点名堂，才有脸回家见父母，对奶奶才有个交代。第三年，厂里领导帮我买了往返机票，给我发了奖金，劝我回家看看，我才在离开家三年后第一次回家。

我常常想，或许我与茶之间的缘分冥冥之中早已注定。有研究表明，人与人的味觉、嗅觉是有区别的，也就是说有的人天生味觉、嗅觉敏感。我是在进入茶的世界之前就发现了自己味觉、嗅觉上的天赋。小时候放学回家，奶奶和爸爸在不在家我一闻就知道，因为他们都有各自独特的味道。

来广州之后，喝过的茶，我能记住它们的特点。盲品比赛，一百多个产品，我几乎每次都是第一名。我觉得喝茶厉害不算真的厉害，能体察消费者的诉求并给他们合适的产品才是一个销售人员的重要素养。

而且，不同季节，茶的味道和体感也是不一样的。因为我奶奶是一个对饮食非常讲究的人，口味清淡，对日常的生活有健康的理念，也极注意饮食与养生的关系。小时候对她的话似懂非懂，后来才发现受益匪浅。在跟客人接触时，触类旁通，我会根据他们的身体状况来推荐不同的茶。我对饮食和大自然的理解让我对茶理解得也比别人快。可以说，我跟茶之间存在一种没有门槛的互通，茶是我一接触就觉得亲近的所在。

日常工作中，我会接触很多客人，听过客人的反馈后，我把他们的诉求反馈给茶师，他们再做产品，我成了顾客与产品之间的一座桥梁。就这样经过日日夜夜不知多少次的尝试和调整，才能最终做成一款满意的产品。那时的坚持，为后来做普洱茶打下了非常坚实的基础。喝的茶越多，我对茶的感情就越深，我爱上了茶，爱上了这南方世界的一抹翠绿。因为，世界上可能没有哪一种植物像茶一样，只讲奉献，不求回报。茶树生长在贫瘠的山坡上，树有多高，根就有多深，与风霜雨露为伴，每到春来，伸展出翠嫩枝芽，被人采摘之后，满身的芬芳飘散到世界的各个角落。

奉献、朴实、感恩，我希望自己像茶一样，对待每一个来喝茶的客人。那三年，忙碌而充实，身处遥远的异乡，茶是唯一的慰藉。当我想家的时候，就喝一杯茶，人好像没那么孤单了；当遇到委屈的时候，我在泡茶的过程中找到了安宁与平静；当业绩第一，无比喜悦的时候，茶仿佛也感知到了我的心绪，喝到嘴里异常甘甜。

初到广州，我找到了入茶之门。至于茶的道，我在之后的岁月里一直上下求索，发现了更为广阔、更为迷人的茶世界。

第三节　是初相遇，又是久别重逢

我第一次喝普洱茶，喝到的就是"号字级"的老茶，时至今日，第一杯普洱老茶的滋味，依旧铭刻在我的味觉记忆里，深刻而悠长，二十年后依然可以回味。

1999年，我主要做茶叶进出口工作，当时负责两方面的事情，一是跟出口贸易订单，比如俄罗斯、日本、马来西亚等地的订单；二是茶的拼配。当时因为广交会的关系，认识了一些广州商贸界的客人。

因为我熟知茶性，泡茶时会根据不同客人的身体状况和喜好而选择适合他们的茶，所以很多人喜欢喝我泡的茶。中国国际贸易促进委员会的柯老先生就是其中的一位，老先生家里是医学世家，家学渊源深厚，他对茶、医学都有深刻独到的见解。老先生儒雅谦和，穿着西装，别着钢笔，打着领结，身上透着一股贵气。他住在香港，每次来茶室喝茶，老先生都穿着考究的西装。我泡茶时，老先生会笑呵呵地问我今天开不开心，在他看来心情愉悦泡的茶也会有欢喜之意。

有一次，我跟老先生在中央酒店茶室吃饭，在场的还有来自澳门的马先生。饭后，我给他们泡茶喝。马先生文质彬彬，话不多，但喝茶时很认真，连说你泡的茶很好喝。临走时马先生很高兴地说："很开心喝了你的茶，又蹭了你的饭，无以为报，我回去送一饼茶给你。"后来，他又回请柯老和我，我听他和柯老先生谈茶、谈美学、谈中医养生，两位大家对茶有着独到的生命感悟，让我受益匪浅。

关于送茶的事我本以为说完就过去了，没想到马先生记挂在心上，回澳门后托人带来了两饼普洱老茶。还转告我茶是他父亲二十世纪三十年代在澳门开饭店时买的普洱茶，1956 年饭店关张，家里分家产分到了几篓普洱茶。算起来，这两饼茶已经存在仓里七八十年了。因为我当时主要做乌龙的贸易，对普洱茶不是很了解。那时，老茶就像传说一样，只闻其名，很少得见真面，很多人也不相信老茶的存在。我知道老先生的家世，相信他送给我的是真正的老茶。

我与普洱茶就这样不期而遇。这两片普洱茶一片已经破损，一片保存完好。马先生建议我把破损的喝掉，另一片收藏。说实话，我从没有见过如此朴实无华、貌不惊人的茶，甚至怀疑这样的茶还能不能喝。然而想到送茶人把茶转交给我时的郑重其事，我相信这饼茶十分珍贵。而且，我相信入得了柯老先生、马先生这等老茶客法眼的茶，必定不是凡品。

于是，像打开一本悬疑小说，我怀着期待，打开了这饼茶。

打开这饼破损的老茶，包装纸已经变得薄脆发黄，里面的茶饼因为陈放几十年的缘故，已经呈现乌褐色。但看得出来，茶饼的条索纵横交错，清晰饱满，依然油润。冲泡之后，只见茶汤透亮，是迷人的栗红色。喝到嘴巴里，汤滑而润，无比醇厚，一股说不出来的味道由舌底向整个口腔蔓延。一道茶喝完，内心深处只有震惊，我想不明白，为什么一饼茶放了这么多年，还能有如此诱人的口味？

就在我还没有琢磨清楚该用什么语言来形容普洱茶的味道时，后背便开始燥热，紧接着一股通泰之气在周身蔓延，舌下生津，额头微微出汗。又喝了几道，与第一道的味道显现出了差异，而此时汤色红艳明亮，口感纯净饱满，无丝毫杂味，口腔中荡漾着丝丝的樟香和植物的芬芳，感觉整个身体都打开了，胸间通畅，心怀辽阔坦荡，一派山水似在眼前。讲实话，我从没有遇到过一种茶，带给我如此强烈的体感。

这一饼茶慢慢喝完，才体味到老茶的魅力，它里面有时间的沉淀，很暖，很温柔，像太极拳一样，让你慢慢感知到它的力道。茶的力量由内而外发散出来，让你很舒服，舒服到身心都放松下来。老茶如智慧的长者，十分温和，让人信赖，又如秋日午后的暖阳，落在身上，只有安稳和惬意。有一些茶的香气是上扬的，喧宾夺主，反而会忽略茶汤的味道。老茶不是这样，它的香是内敛而深沉的，一层一层，抽丝剥茧，在每一道茶汤中释放。后来我才知道，那两饼茶是二十世纪三十年代号字级的老茶，我喝的时候，它们已经在悠长的岁月长河里静静等待了大半个世纪。

任何传统商业的演变都与历史存在着呼应与关联。柯老先生和马先生都出生成长于颇有渊源的文化世家，我从他们身上，不但感受到了传统文化和典雅生活方式的美好，也读懂了那一代人对老茶和商业精神的理解。这奠定了后来我做普洱茶的信念：只有好

茶才有传承的力量，只有尊重产品才能赢得市场。

自那时起，我开始迷恋上老茶，不管去到哪里，都会想方设法带一些老茶回来。品茶，是味蕾的瞬间记忆，我对普洱老茶的记忆敏感而深刻。凡是喝过的老茶，它们的味道会烙印在我的脑海里，以致后来我可以做到盲品，轻松地评断出这个茶是号字级，还是印字级，是来自大马仓、香港仓，还是昆明仓、广州仓。味道是

骗不了人的，在时间与地标的流转中，一饼茶经历了什么，口腔
知道答案。

因为喜欢老茶，每每遇到老茶，我都会毫不犹豫收入囊中。我深知，
遇到一饼真正的老茶，是生命中可遇不可求的缘分。

2004 年，广州秋交会，我马来西亚的好友陈景岗恰好来到广州。
从秋交会现场出来，我们听说同时举办的第五届广州国际茶文化
博览会有茶叶、茶壶精品拍卖会，而且是最后一天。抱着试试看
的心理，我俩午饭都没吃就赶了过去。

刚到那里，并没有令人惊喜的发现。无意中转到一个展厅，跟来
自新加坡的罗小姐攀谈，得知她带了几筒老茶参加拍卖。我们对

图四

043

她手上的茶很感兴趣，景岗问能不能试茶。罗小姐回答可以试，但需要支付一定的费用，每人600元的品鉴费。在2004年，600元是什么概念，当时顶级的乌龙茶也不过一斤^①千元左右。

由此，我们推断她的茶一定不俗，于是痛快支付了1200元，试饮了她的老茶。一喝，果然不同凡响。详谈之后得知，此次带来拍卖的六筒茶是他父亲的珍藏，两筒是已经九十余年的宋聘号，两筒是同样存放了九十年左右的乾利贞宋聘号，另外两筒是生产于二十世纪三四十年代的河内圆茶。我们表示有购买的意向，罗小姐表示已经参加拍卖，我们可以在拍卖会现场参加拍卖。

当天下午，我们拿到了68号的牌子，我和景岗都很开心，这是个吉利的数字，我让景岗代表我参与拍卖。拍卖现场，前面的拍品叫价和成交价差别不大，气氛也较为平淡。到了宋聘号出场，起拍价17.4万元，现场气氛热烈了许多。老茶的价格以每次2000元的幅度不断攀升，很快突破了20万元，然后胶着在21万~22万元，景岗报到了22.2万元，另外两个买家还在低头商量时，景岗直接报出了25万元，无人追价，我们竞拍成功。之后，两筒乾利贞宋聘号起拍价20万元，我们以30万元竞拍成功。河内圆茶起拍价13.4万元，最终我们以23万元成交。

这六筒茶，我们一共花了78万元，在当时引起了很大的轰动，一些媒体争相报道，新闻甚至上了头版。当然也有一些质疑声，有些人会怀疑这几筒老茶能值这么多钱吗，那是他们并不了解老茶的魅力和价值。

老茶，注定是越喝越少，错过一款保存良好的老茶，错过也就错过了，大概率是无法弥补这样的遗憾的。所以，每次遇到，我都

---

① 斤为非法定计量单位，1斤=500克。——编者注

筹建关怀大楼 拍卖名家书画

靓女78万拍得6筒陈年普洱

女茶商原本打算花百万元觉得赚了便宜 称将茶叶转售台湾还能赚大钱

本报讯 （记者陈桦 通讯员陈志宣）暨广州市老人院建设全国首创专为瘫痪老人渡过临终关怀的费情楼昨天上日起……

百余"家珍"待价"出阁"

临终关怀服务居全国前列

百年普洱珍品亮相茶博会

"68号"连续3次竞拍成功

拍卖品如转售身价还会涨

茶文化可看可听

本报讯 （记者黄文森，卜松竹）昨天上午《茶人雅韵》、《雅韵欢歌》在广东贸易大厦展馆四楼举行首发式。

《茶人雅韵》、《雅韵欢歌》是以茶诗词为主，并与书法、国画、篆刻、歌曲相结合，弘扬中华茶文化的姊妹书。

百年普洱珍品的拍卖现场，气氛十分热闹，"68号"买家花了78万元，将6筒普洱珍品悉数收入囊中。 译吴栋 摄

碉堡般的大东门古当铺孤立在路中心 本报记者 叶健强 摄   古当铺破旧的青砖 蒋铮 摄

赠 旗

天河工商分局东圃工商所地处城乡结合部，全所仅有16名工作人员，却要管辖5街6村，辖区达34平方公里。

通讯员 蔡红亮 摄影报道

马来豪客狂扫旧普洱

昨日茶博会旧普洱拍卖专场上成交踊跃

本报讯 记者梁正杰摄影报道：昨天，在第五届茶博会最后一场拍卖会上，一名姓陈的马来西亚豪客以78万元狂扫旧普洱三次面不改色。

邬梦兆茶书发行

本报讯 昨日，原广州市委副书记、广州市政协主席邬梦兆的新作《茶人雅韵》两书在广州举办首发式。

图七   图八

格外珍惜，这是真正的"一期一会"。

老茶，只有跟懂的人喝才会有共鸣，所谓酒逢知己千杯少，老茶若是遇到知己，一泡足矣。我喜欢跟懂老茶的朋友喝共同中意的某款老茶。安静的茶室，水汽氤氲，大家并不多言，交流都在一道道茶汤里。慢慢喝，就会明白为什么每一道茶都不一样，它们身上带着各自的故事，在滚烫的热水召唤下，诉说各自的心事。

第一泡茶，是穿过半个多世纪的风尘仆仆，滚烫的水，洗去时光落在它身上的尘埃，以及辗转岁月山河的沧桑，如此方能领略它暗藏的雍容华贵；第二泡茶，它带着一身风雨，穿洋过海，跋山涉水，历经世间繁华，也遭遇遗忘和冷落，一杯茶中，诉说着它经历的人间冷暖；第三泡、第四泡茶，仿佛看见一双匠人之手，以三月的细蕊春尖，配以四五月肥厚粗壮的一芽三叶，再调和九月香气高扬的谷花茶，拼配出丰腴饱满、层次分明的滋味；第五泡、第六泡茶，终于看清了它的来路，那片养育它的山水，它经历的风霜雨露，以及是怎样的气候成就了它的醇厚芬芳。

老茶不会让人喝一次就懂，是常喝常新，每一次对它都会有不同的认识。老茶也不会喝一次就爱上，它是让人渐渐地产生依赖。

感恩我遇到的第一杯普洱老茶，它被遗忘，但也被时光善待。几十年的光阴里，一直被喜爱茶的主人细心呵护，远离风吹雨淋。它是我迷恋上普洱老茶的起点，因为有如此高的起点，让我在以后寻找老茶时有了正确的高标准的参照。它也让我认识到老茶的价值和干仓的必要性。

因为这一杯茶，我开始相信，喝老茶的人一定会越来越多。因为，时间赋予的魅力不可复制、无法取代，每一次的遇见都是人生独一无二的体验。

第四节　普洱茶路，拨开岁月的烟尘

任何一种传统商品的形成，都是一个从无到有的发展、演变过程，普洱茶也不例外。就云南普洱茶而言，可考的较详细的早期文字记录，见于唐代樊绰所著《蛮书》："茶出银生城界诸山，散收，无采造法。蒙舍蛮以椒、姜、桂和烹而饮之。"文中，明确记载了当时云南茶叶主产地"银生城界诸山"，同时记述了创造姜饮方式的"蒙舍蛮"，表明这些地区从唐朝就开始了对茶叶的驯化和开发。根据"散收，无采造法"一句来看，当时的制茶工艺遵从着"采无定时，日光生晒而成"的技法，制作成散茶，加椒、姜等香料烹煮而饮用。

到了明洪武年间，平定云南后，派军戍边，大批外来移民的迁入，使中原地区先进的蒸青团茶制法得以流行。方以智于明朝末年撰

图九

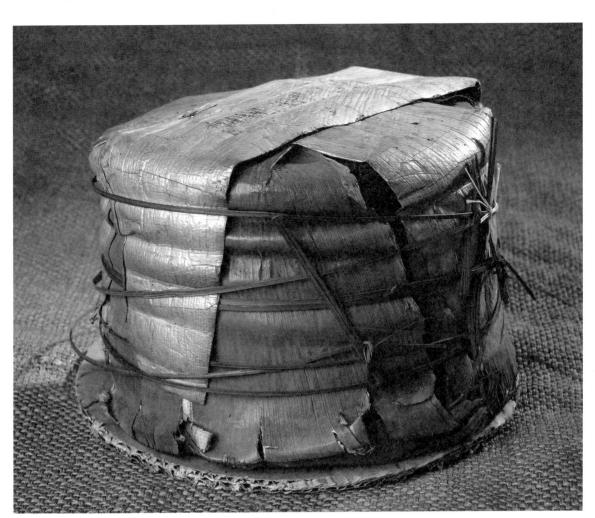

写的《物理小识》载："普洱茶蒸之成团，西蕃市之，最能化物。"由此可见，"普洱茶"的概念由此而来，此时，行销至西藏等地的已是蒸压成团的紧压茶。

明太祖朱元璋历行"茶马政策"，于洪武二十四年（1391年）下诏"废团茶，兴散茶"，促进了炒青绿茶的发展。但云南地处边陲，不归中原统治，所以没有受到影响。而且普洱所产的茶很大一部分要贩运到西藏地区进行茶马贸易，以茶换马匹、药材，紧压茶更利于运输，也是云南保留蒸压成团的现实因素。

清朝开始，普洱茶进入历史辉煌期，清代学者阮福《普洱茶记》谓之："普洱茶名遍天下，味最酽，京师尤重之。"也是在这个时期，普洱茶花色品种与制作工艺飞速发展。普洱茶在京城的风行，直接促进了当地普洱茶种植面积的扩大及生产制作工艺的提升。数十万的汉人来到易武地区，伐木种茶，开办商号，易武古镇商号林立，普洱茶的采摘、制作均得以改进，品质更为优良。

进入20世纪，随着封建王朝的灭亡，贡茶一去不复返，正如"旧时王谢堂前燕，飞入寻常百姓家"，普洱茶也从王公贵族的府衙回到平常百姓家，成为人们日常饮用的大宗货物。这个时期的普洱茶，加工方法日臻完善，柴萼在《梵天庐丛录》中记叙，普洱茶是"蒸以竹箬成团裹"的大宗茶。

1939年，李拂一所著的《佛海茶业概况》详细记载了当时佛海地区制茶的情况，当时产茶可达一万担[1]，一年采茶期长达六七个月，采于清明前后的为春茶（白尖），之后采摘的为黑条，"色泽黑润，质重色味浓厚"，是制作砖茶、圆茶的主体。黑条后又有二水茶、粗茶，叶大粗老。九月初还可再采一次谷花茶，品质

---

① 担为非法定计量单位，1担=50千克。——编者注

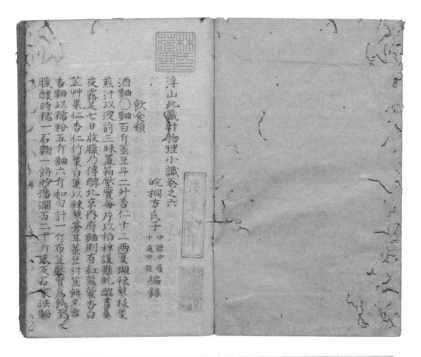

浮山此藏軒物理小識卷之六
皖桐方氏子　中德中履
　　　　　中通中發　編錄

飲食類

酒麴○麴百斤䈭豆斗二升杏仁十二兩夏攤辣蓼枝葉煎汁以濾前三昧置箔壓置每片以稻稈護懸乾曬晝暴夜露足七日收臟乃傳醅北京內府麴則有紅蘝䓿杏日芷艸果仁竹葉白蓮以辣蓼各昧豆汁並餅杏露香麴以糯五斤麴六斤和勻計一斤布直壓賣烏餅到臘釀時糯一石麴一餠貯播灘百二十斤皆友石家法麴

包瓜○墨瓜伏淡蒂刷蓋去瓢費滴餘水乃以十香料和麴筍扇乾如雲而仍蓋之縛定投醬坯一月可取瓜中物

茶○名茶神農食經芭茶即茶漢志　云吳主置茗禮人分茶䓿子稍長即逸其山約之曰種以多子稍名自古以然惟桑苧以製韓翃謝茶啓顯耳崏山以愛露多也采宜栗雨前後羅岕宜西南以受霜多也采明前後蒙頂圍中德第䓿嶮多岕如初摘新甲明前燒或稍根燒以樹製有三法糯葉瞋時候其發乾銅攄青使人窗

柒抄自捲之八罋內罋空十分之六乃以沸水冷而浸之閉之春夏取噉如水晶每水晶十斤炒鹽四兩神隱方醃菜入甘艸淹三日倒罨其菜去其䓿水仍忌生水倒後還灌鹵水七日又倒之

十香瓜豉○漫豆一夕煮熟候溫和麴過主黃衣畧收附四季可作畋也杏仁熟煮去皮再浸七日瓜取畧若者水淖榨乾作丁加官桂良薑絲陳皮蔆香川椒紫蘇薄荷酒醺倍之同豆䓿封甕苗以豆粗爛爲度其桂椒良薑陳茂宣永之

佳，也就更受东南亚炎热地区华侨的喜爱。易武茶的品质独树一帜，是普洱茶中之优良代表。

民国时期是普洱茶发展的顶峰，无论是品质还是销售量都处在一个高点。不久后，时局动荡，百业凋零，随着抗日战争与解放战争的爆发，中国陷入一片混乱，包括云南在内的各地茶厂纷纷停业，普洱茶逐渐淹没在时局的动乱之中，辉煌不再。

新中国成立后，原民国政府经济部所属中国茶业公司与云南全省经济委员会合资创建的云南中茶茶业股份有限公司更名为中国茶业公司云南省公司，稍事整顿后恢复生产，其后各民营茶庄、茶行等生产经营企业也归并国有，普洱茶的生产与加工逐渐步入正轨。但长达半个世纪的时间，普洱茶基本以外销为主，在食物不充足的情况下，国内百姓喝茶的诉求微乎其微。普洱茶大多销往海外，墙内发芽墙外香。

随着中国经济的复苏，二十世纪九十年代开始，普洱茶重新走进国人的视野，由老茶的火热带动了普洱茶的普及，国盛茶香，越来越多的人迷上这一缕滇南的茶香，接受自然的馈赠。普洱茶在经历千年沧桑后，老树开新芽，成为近年来备受关注的茶品之一。

第五节 "一带一路"上的茶香

记得第一次去易武古镇，和当地茶农上山时，我对镇子后面的几棵大榕树以及旁边残缺不全的石板路感到十分好奇。随行的茶农告诉我，那里是茶马古道的起点，马帮带着茶正是从大榕树下出发，开启一段翻山越岭、风险不断的旅程。

次于春茶，但更为油亮，主要作盖面用。"佛海茶叶制法，计分初制、再制两次手续。土民及茶农将茶叶采下，入釜炒使凋萎，取出竹席上反复搓揉成茶，晒干或晾干即得，是为初制茶。"当时的毛茶制作与今日无异，也是杀青后揉搓晾晒，为晒青毛茶。

各商号收购散茶后根据级别做成茶饼、茶砖，远销到泰国、越南、新加坡、马来西亚等地。马桢祥所著的《泰缅经商回忆》一文写道："我们对茶叶出口一事，在抗战时期是很重视的，它给我们带来的利润不少。易武、江城所产七子饼茶，每筒制好后约重四斤半，这种茶较好的牌子有宋元、宋聘、乾利贞等，稍次的有同庆、同兴等。在江城所加工的茶牌子较多，但质量较低，俗语叫'洗马脊背茶'，不像易武茶质细味香。这些茶大多数行销香港、越南，有一部分由香港转运到新加坡、马来西亚、菲律宾等地，主要供华侨食用。"

从文中可以看出，在二十世纪三十年代，已有新茶、陈茶之分，存放几年的都仍称作新茶。陈茶存放时间较长，解渴发散效果较

图十二

"茶马古道"是很多人耳熟能详的名词，但真的站在古道的起点，看着密密麻麻的丛林和狭窄的山路，会有更加切身的直观感受。茶马古道是一条连接了我国西南地区、南亚、东南亚等地的民间国际贸易通道，马匹为主要交通工具，普洱茶和马匹牲畜为大宗贸易物，并形成了马帮这一独特的贸易群体。

茶马古道是古时"一带一路"的重要组成部分，是目前世界上已知的地势最高最险的文明传播古道。异常凶险的漫漫旅途，让普洱茶行销至国内各地，并远销至新加坡、马来西亚、泰国、缅甸、法国、英国、日本等国家和我国港澳台地区，不但加强了民族与国家的文化交流，也为南亚、东南亚各国与中国的贸易往来打开了便捷之门，是一条茶香之路。

从清朝道光年间到民国初期的将近一百年，是易武茶业最旺盛的时期，亦是茶马古道最忙碌的一段时光。当时，茶庄、茶号遍布，而把这些茶运送至越南、泰国、马来西亚等地的正是马帮。一路茶香伴随着一路惊险，运送普洱茶的人可能想不到，那些散落在海外的茶，能够流传上百年。

号级茶属于易武，我喝过的宋聘、龙马同庆号，都带有一丝优雅，口感细腻柔顺。而印级茶是属于勐海的，力量感更强，更有穿透力。作为老茶的两大标杆，二者各有所长，并无优劣之分。

印级茶以红印、蓝印等为代表。其实印级茶的师傅都是从以前的茶庄招募而来，沿用的是号级茶的技术，选料却开始以勐海茶区为主，印级茶的时代是集中力量选用勐海料的一段时期。印级茶其实是号级茶的延续，无论是工艺还是生产标准，印级茶身上都有号级茶的烙印。印级茶更准确的叫法应该是侨销圆茶，从二十世纪四十年代开始，一直到二十世纪七十年代，侨销圆茶的生产历史跨越了两个时代，持续了近四十年。当时，佛海茶厂生产的侨销圆茶，包括后期的红印、蓝印、黄印、绿印，均是难以超越的经典。

新中国成立后，举国上下百废待兴，农业部和贸易部下发文件，确立了"农业部管茶叶生产的实验研究、推广、改良及初制工作，中国茶业公司系统管收购、精制和贸易业务"。佛海茶厂更名为勐海茶厂。当时厂里生产的紧压茶主要为圆茶，分为内销圆茶和侨销圆茶，前者主要销往西藏、青海等地，后者的市场主要在东南亚一带。

勐海茶厂属于中国茶叶公司，圆茶所用的包装商标是"中茶牌"，同一种产品，不同时期销往海外，包装在不断变化。红印指"中茶牌"商标中的"茶"字为红色，绿印是绿色，黄印是黄色。

二十世纪七十年代初，为了对各茶厂的产品加以区分，中国土产畜产进出口公司云南茶叶分公司对普洱紧压茶进行了编号。比如7532，指75年的工艺，3级茶的原料，2表示由勐海茶厂生产。字体的变化，编号的不同，包装纸的厚薄……每一处包装的改变，代表了茶的不同年份和批次，茶的时间和品质特点也就不同。

在统购统销的计划经济时代，茶叶的等级最初沿用的还是民国的传统。根据季节分为春尖、春中、春尾、二水、谷花茶，这其中又分为甲乙丙三个级别，加上底茶共计16个级别。1958年开始，茶青根据嫩度分为10个等级，主要从芽头的多少、条索紧结度、色泽等方面区分。一般情况下，较嫩的茶青做散茶，中壮者制饼茶，而更粗老的则是砖茶的原料。

在计划经济时代，圆茶是在夹缝中生存，生产所用的茶青大多在5级以下，7级、8级的原料也很常见。喝印级茶的时候，如果注意叶底的话，在里面捡出茶梗、茶籽也并不意外。或许，柔嫩的

图十四

057

图十五

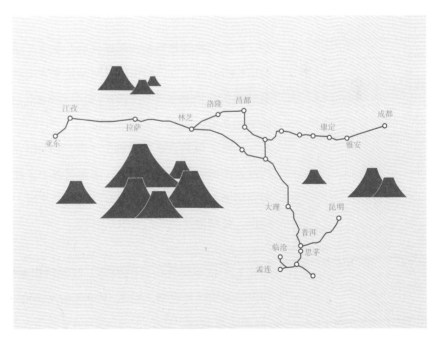

图十六

0 5 9

茶芽、茶叶滋味更为鲜爽，而肥壮的茶青更适合存放，这是因为它们的内含物质更为丰富，经过岁月的陈化而呈现醇厚的口感。

茶厂收购来的晒青毛茶，根据计划产量生产绿茶和紧压茶。厂里的审检科比照配方，根据原料的品质来确定具体的生产。侨销圆茶的拼配生产其实有明确的历史参照依据。自清朝雍正时开始，圆茶的形状、重量、包装规格就有了明确规定："雍正十三年提准，云南商贩茶，系每七圆为一筒，重四十九两，征税银一分"。所以云南的圆茶又叫七子饼，寓意着多子多孙、家庭团圆。这些七子饼圆茶在清朝后期，由商号贩运经越南、老挝、泰国至香港销售，是谓侨销圆茶的号级茶时代。

随着七子饼茶的外销日渐成熟，其原料和制作工艺也有了章程，在民国时期已经定型。写于 1939 年的《佛海茶业概况》中记载："以黑条作底曰'底茶'；以春尖包于黑条之外曰'梭边'；以少数花尖盖于底及面，盖于底部下陷之处者曰'窝尖'，盖于正面者曰'抓尖'。"从中不难发现，当时的圆茶是以采于四月初的中下等肥壮茶青为主体，以等级较高的采于三四月的嫩芽包面，以外观更佳的谷花嫩芽封底或面。这样的状况完全是为了迎合市场而做的选择，既要核算成本，也要面子上好看。

到了印级茶的阶段，七子饼茶的生产格局并没有太大的改变，史料显示，早期的侨销圆茶由两个级别的原料构成：7 成的心，一般选用 6 ~ 8 级的茶青；3 成的盖面，多选用 2 ~ 4 级的茶青。

如今一饼难求、价格高昂的号级茶、印级茶，在当时服务的是寻常百姓，价格并不贵。侨销圆茶大多销往香港和东南亚的茶楼，而茶楼之所以选用普洱茶，主要考虑的是价格低廉和耐泡，等级越低的原料反而更符合茶楼的需求。这些由中下等原料做成的圆茶起初可能并不好喝，因为浓烈苦涩而被搁放在了库房，经过时间的魔法，缓慢的发酵，肥壮的叶子涅槃重生，形成了迷人的兰香、樟香、木香、枣香。

当时的茶厂收购毛茶按照十个等级划分，至于这些毛茶是大树还是小树，究竟属于哪个山头，并没有要求。而大树茶、古树茶多生长在交通不便的山里，村里的农民往往做成毛茶后，再送到收购站出售。收购站是隔三差五才有人值班收茶，遇到阴雨天气，可能十天半个月都没有人。这些山里的茶延误了时机，往往被当作级别低的茶收购，大多都作为紧压茶的原料使用。所以，无奈与无意，以今日的标准看，印级茶用的原料是非常高级的。

回首来时路，千百年来，这缕茶香穿过雨林和古道，洒满"一带一路"，茶香飘四海，遗爱数百年。喝着老茶，想起这杯茶在岁月中经历的起起伏伏，我更加确信要把这缕茶香传承下去。

图十八

第六节　他乡的忘忧草

每次撬开一饼普洱茶的时候，我都会对古人的智慧赞叹不已。普洱茶紧压成形究竟起源于何时，至今仍然是一个谜。这里所说的紧压茶，包括七子饼茶、茶砖、沱茶、金瓜等所有的紧压茶。或灰绿或深褐色的叶片紧紧簇拥在一起，却保持了清晰的纹理。撬开一块，以水的滋润唤醒干脆的叶片，它的纹路、茶毫，恢复如初。

可以推测，古人最开始制作紧压茶，有两方面的考虑：储存和运输，而本质上是从贸易的需求出发。茶性易染，容易吸附水汽和异味，长时间与空气接触还容易氧化变质，做成结实的饼茶或砖茶，既能防潮，也容易保持茶的风味；而且茶大多产自山区，交通不便，运输茶叶基本靠肩挑马驮，压制成饼状、砖状，增加了运输量。在运输过程中，紧压茶由于水分和温度的作用，经过缓慢发酵，滋味更为醇厚，抵达他乡，是寒冷或炎热地带百姓的解忧草，用来补充维生素或消暑解渴、祛除湿气。

地处东南亚的马来西亚一直以来都是东南沿海居民经商移民的首选之地。清末民初，东南沿海的百姓面临着严峻的生存压力，来自南洋的召唤此时变得更有吸引力。"下南洋"便是真正形成规模并影响至今的移民风潮，声势浩大，从清朝中后期一直延续到民国时期。据统计，从十七世纪初至二十世纪四十年代，入境东南亚的华工达千万人次。这些华工大多来自潮州、珠江三角洲、闽南等地区。

大量华工涌入东南亚后，不但对当地的经济发展带来巨大的影响，而且把中国传统的生活方式带到了当地，东南亚的华人区大多有烟茶行，贩卖烟丝、茶叶及土特产，这些来自家乡的物什，都是化解乡思之物。其中，茶是不可或缺的重要特产。因为，喝茶不仅仅是化解思乡之苦的方式，还是出于健康甚至生存的需要。

在东南亚的经济发展过程中，工矿业一直是非常重要的产业。比如印度尼西亚的金矿、马来西亚的锡矿，基本由华人开发。在矿地做工，非常艰苦，头顶炙热日头，脚下是坑坑水水。如今马来西亚依然有许多被称为"锡湖"的大型锡矿区遗迹，那些深坑都是华人劳工一锄头一锄头挖出来的。

矿工长时间处在炎热潮湿的环境中，体内湿气重，容易得风湿病，发瘴气，而一旦病发就会危及性命。工人们发现那些经常喝六堡茶的人很少得病，口耳相传，以六堡茶防瘴气成为华工的保命之举。矿主在招聘矿工时，会特别注明"有六堡茶供应"。六堡茶因此在矿区流行，并成为两广地区百姓下南洋的必备品。

六堡茶是广西梧州出产的一种茶叶，有渥堆和陈化的工序，汤色红浓，以槟榔香、槟榔味、槟榔色著称。而普洱茶因为长途运输中有洒水促其发酵的做法，风味上与六堡茶有相近之处，一些茶行便以普洱茶充当六堡茶卖。

马来西亚的茶人何健良先生祖辈曾在锡矿做工，我问他，难道大家从口感上区分不出六堡茶和普洱茶吗？他给我的答案是，当时有茶喝已经不错了，没有人会深究买到的究竟是哪一种茶。他印象很深，小时候家里桌子上摆放着大茶壶，一家人每天都要喝茶，但并不在乎喝的具体是什么茶，有六堡就喝六堡，没六堡就喝普洱。如今看来，正是因为有喝老六堡茶的习惯，才有了后来普洱老茶发展的土壤。

林平祥先生是马来西亚备受尊重的茶人之一，对各种老茶的来历如数家珍，人称"茶爷"。他说，于那些早期漂泊至此的华人而言，茶首先是一种药，其次才是一种饮品。"药"追求的是效用，老茶的效用要好过新茶。长此以往，在无形中塑造了一种新的风气——任何一种茶，都以老为贵。老岩茶、老六堡、老普洱、老六安、老白茶，甚至有老龙井、老茉莉香片。

这也充分说明了茶的来之不易，茶从采收到制作完成，再经贸易辗转抵达华侨的手中，至少需要一两年的时间。同时，为了避免时局或战乱导致的贸易中断，家家户户都会储备一批茶。因此，马来西亚的华侨逐渐形成了藏茶、喝老茶的习惯。

经过陈放的茶，口感由鲜醇向浓郁转化，却与马来西亚的饮食相得益彰。马来西亚地处热带，盛产香料，且位于古代香料贸易的海上丝绸之路上，因此其香料业十分发达。马来西亚是一个多民族国家，在多种饮食文化的融合下，形成重用香料，追求酸辣鲜甜复合口感的浓郁风格。老茶口感醇厚，祛湿解腻，深得华侨们的喜爱。

时至今日，当地很多华人家庭都存有各种茶，存茶的习惯是经家中的祖辈、父辈一代一代养成的。他们对茶都非常珍视，买来的茶不是随随便便放在角落里，而是安放在干燥通风的阁楼上，以竹篓或陶罐存放。所以，马来西亚的老茶几乎都是干仓茶。凡此种种，除了说明茶对当地华侨而言是不可或缺的物资之外，也蕴藏着他们热爱老茶的密码和线索。经过岁月的转化，老茶口感顺滑醇厚，当年的乡愁已经被时光消解。如今，一饼老茶，承载着的是家族的奋斗史，也承载着血脉亲情的延续。

说来这是紧压茶的另一重意义，超越了最初为利于贸易而压制成团的初衷，它以方便储存而流传至今。按理说，马来西亚的华侨多来自福建、广东、广西等地，他们最初的味蕾应该是迷恋乌龙茶，但随着时光的洗涤，他们发现经过时间沉淀的普洱更与他们的心境相契合——历经时间淘洗而留下来的，才是真正的赢家。

图十九

064

与华侨们接触多了，对普洱茶的理解也有了新的角度。每次坐几个小时飞机抵达马来西亚，旅途奔波，落地之后，一杯普洱老茶就能轻易化解我旅途的辛劳。我突然就明白了一杯茶对南洋华工的意义。它是人在他乡的忘忧草，凭着熟悉的味道，漂泊的灵魂在异国他乡找到依靠；它是无声的慰藉，让一代人在艰苦的环境中找到安身立命之所在。

图二十

第七节　老茶中的生活与生意

有人说，有中国人的地方就有茶香。说的正是茶叶通过一批批华人迁徙到东南亚的历史。茶伴随着海外华人度过了长长的悲欢岁月。

按照华侨们的说法，从前他们家里的桌子上总是放着一个箩筐，里面是一壶茶，一壶水，家里谁渴了就去喝，每个家庭都是这样。

图二十一

不同的是茶叶的种类，福建人喝岩茶和铁观音，广西人喝六堡茶，广东人喝水仙。如今，这样的图景不复存在，马来西亚喝茶从大壶泡转变为精致的小壶品饮。从相熟的亲朋中周转几件茶、一筒茶、一饼茶，对当地华人是很平常的事。而谈生意，总是从坐下来喝一道茶开始。如今，一杯曾经的生活茶早已过渡为一道生意茶。

在马来西亚，许多茶行都是由华人经营。首先是因为一开始华人便是茶主要的消费群体，茶是华人区最普遍的饮料，而马来西亚并不产茶，茶都是从中国进口。其次，茶叶是对外贸易的重要物品，海外华人对中国的方方面面都很熟悉，因此方便与中国进行贸易往来。

最初，茶并没有脱离杂货的范畴，很多商行售卖油盐酱醋，兼卖茶叶。在二十世纪四五十年代，吉隆坡、槟城、马六甲一带的茶行比较多，各种小型的杂货铺都向大规模的茶行购茶。当时茶的生意好做，大茶行拿到茶叶后，再以散装形式出售给中小型茶行及杂货铺。一箱箱茶叶经过若干个环节，才能够变成桌上的一壶茶。

马来西亚的华工最早熟悉也最习惯的是六堡茶，尤其是老六堡，最好能喝到药味，这样的茶才有祛湿解暑之功效。这样的习惯让他们买普洱茶同样求旧不求新，买茶一定是存放过的陈茶，不能是碎茶，整块的拿回家蒸软了晒，掰开放进罐子里慢慢喝。

曾经，普洱茶在马来西亚属于默默无闻的小众茶，远没有老六堡和老岩茶受欢迎。茶叶进口商到广交会上进了普洱茶都会被当作六堡茶来卖。当时熟茶卖得快，生茶的主要用处是凑货柜。生茶猛烈而苦涩的味道与马来西亚华人熟悉的老茶味道相距甚远，不仅不好卖，还卖不上价。

以其中一款"大马黄印"为例，这款茶是二十世纪七十年代进口到马来西亚的。当时很便宜，只要几令吉，很多人买回去试喝，发现又苦又烈，就放在了茶仓里。因为是干仓存放，转化缓慢，到了 2000 年喝起来仍有一丝苦涩味，价格依然不高。而又过了十几年，如今的"大马黄印"岁数增进到知天命之年，作为一款印级茶，口感柔滑甘甜，已跃身为明星老茶，价格也翻了上万倍。

二十世纪八十年代，普洱茶的保健功能被法国人、日本人发现，引发一阵热潮。这种现象引起了马来西亚等地人们的关注。一些小圈子开始喝普洱茶，这个小圈子里的人大都有良好的经济基础、受过高等教育，比如"茶爷"林平祥就是典型代表，围绕在他周围的是很多受过良好教育的学生，他们聚在一起喝普洱茶，研究

图二十二

067

图二十三

普洱茶文化，一时蔚然成风。于是，普洱茶的历史文化价值、品鉴价值、投资收藏价值、原生态价值不断被挖掘出来。

当然，这也是因为马来西亚本来就有很好的土壤，一是老茶多，二是茶基本是干仓存储。经过几十年的转化，云南大叶种生茶告别了苦涩与莽撞，呈现口感丰富、层次饱满的特点，一下就征服了当地的老茶客，存茶、寻茶之风在马来西亚蔓延。同时，伴随着中国国内普洱老茶市场的崛起，来马来西亚寻老茶的国人也越来越多，最终形成了良性的市场循环。正是在这种时代和市场背景下，我与马来西亚华侨们的缘分因普洱茶开始，一直持续到了今天。

早期，云南没有茶叶出口权，故普洱茶的外销由拥有出口权的中国土产畜产进出口公司广东省茶叶分公司所掌控。从 1957 年开始，中国每年都会举办两次广交会，外国的茶行从广交会上购买普洱茶。但随着对外贸易改制，茶叶的出口改由茶行向中国申请一定的份额，然后再找合适的代理商订购。

大概是 2000 年年初，一次偶然的机会，马来西亚海鸥集团的陈凯希先生来我们广州的茶室喝茶。当时他们集团收购了一家普洱茶行，他打算采购一批普洱茶补充库存。知道我喝过老茶，也喜欢普洱茶，更重要的是他相信我的专业度，于是便委托我帮他在云南采购普洱茶。

我为此专门去了一趟马来西亚进行考察。第一次到马来西亚，在吉隆坡落地之后，呼吸着当地温热湿润的空气，走在华人区的街道上，茶行、商行、餐饮店散发着浓郁的生活气息，接待我的华侨说着带有潮汕口音的国语，我一点陌生感都没有。与当地华侨接触之后，我更是被他们对茶的情愫所打动。

我的强项是对茶的拼配和对质量的把关，我能够通过拼配来保证口感和品质的稳定性。陈凯希先生和马来西亚的老华侨在这一点上对我是肯定和信服的。他们觉得找到我，能给他们提供一个产品的保障，就这样，我成了他们的供货商。

这些老华侨非常有意思，当地有非常多的社团，一些老先生在社团里是领导，还有一些是商会的会长，他们对我都非常信任，把我当成了国内来的普洱茶专家，会问我各种问题，还亲切地叫我"张姐"。他们非常尊重普洱茶这个行业，也依赖我的专业知识。我由此与马来西亚的华侨建立了亲密的联系，喝到了很多曾经只

图二十四

图二十五

闻其名的老茶，也注意到那样一种朴素却非常传统的生活方式里普洱茶的身影无处不在。

其中一位老华侨待人接物极为周到，我一直尊称他为陈先生，他的风格让我不由想起同样讲究待客之道的奶奶。陈先生得知我要去马来西亚，会提前一周开始准备。每次被陈先生接待，我总有宾至如归之感，不由被这一份浓浓的人情之美所打动。

成为海鸥集团的普洱茶供货商之后，我更多地了解了普洱茶，也认识了一些当地的资深茶人，他们让我领略了更加广阔的普洱茶世界，每一款流落海外的老茶都烙着曾经的时代印记和贸易踪迹。我在海鸥集团陈凯希先生的办公室，看到一筒号级茶。陈先生告诉我，这一筒茶，是一位来自怡保的华侨用报纸包着来找他，说这是几十年前他的祖父从广东来马来西亚谋生随身携带的。祖父过世后，他整理家里的橱柜找到了这筒茶。陈先生购买了这筒茶，连包茶的报纸也仔细收藏。在他的眼里，这不只是一筒号级老茶，也是一代人流落他乡、落地生根的时代记忆。

喝到我带过去的普洱茶之后，每次去马来西亚，老华侨见到我们就像是见到了亲人一样对待，一种荣誉感从我的心底油然而生。茶像纽带一样，以一种熟悉的味道，让中华的血脉在海外延伸，让中华儿女的情感紧紧相连。

茶与生活始终是息息相关的，关于普洱茶，一直有盛世兴普洱的说法。只有国泰民安、百姓富足，喝普洱的人才会多起来。如今，随着中国喝普洱老茶的茶客越来越多，我们也有了自己的普洱茶生活与老茶生意。

第八节　马来西亚的"小仓"与"大仓"

这些年，我因为一直做普洱茶出口马来西亚的贸易，每年都去好几次马来西亚，也因此在那里遇到很多老茶、收了很多老茶。国内的茶友来门道喝茶，喝到存放在马来西亚的干仓老茶，在感叹茶汤通透柔滑时，他们还喝出了独特的南洋气息，会觉得惊喜。

图二十六

图二十七

在老华侨家里，我喝到过诸如宋聘号、龙马同庆号等号级茶，也喝到过红印、蓝印、黄印等印级茶。这些茶都存放在老华侨通风干燥的私人茶仓。马来西亚气温较高，在干仓的环境中，茶转化得透，但又保留了普洱茶本身气足味厚的特点，喝起来柔滑醇厚，自成一格。

其实，马来西亚的气候很适合存放普洱茶，全年的平均温度在 26 ～ 30℃，平均湿度在 60% ～ 80%，处于恒温恒湿状态。而且马来西亚海岸线狭长，内陆又有高原，海陆风对流强劲，昼夜温差大，使得马来西亚的干仓茶无闷滞之感，反而带有一丝通透。马来西亚的森林覆盖率高，空气中负离子含量高，也利于茶的存储和转化。我们销售到马来西亚的茶，存放几年后再收回来，审评时发现其转化得更快。

最初，马来西亚并没有仓的概念，茶就是存放在家里，或放在阁楼，或买了陶罐存放；后来，普洱茶的市场越来越好，大的茶行便选择适宜的地方建造茶仓，管控温湿度。前者是在马来西亚华人区随处可见的华侨家庭的"小仓"，后者是产业化、专业化、规模化的"大仓"，两者可以统称为"大马仓"。

每次到马来西亚，跟华侨们喝茶交流，老华侨们殷殷期盼，一再对我说，做茶一定要保留传统，一定要做健康茶，也一定要保护好生态。他们喝茶，喝的都是存放了四五十年以上的老茶，照现在的说法是印级茶、号级茶，他们对新茶的要求是延续老茶的味道。所以，我做茶就一定要严格按照传统的味道，从老茶上反推，这是从未改变过的理念。

我一直延续着这种思想，把真的、好的东西带出去，能让老华侨认可我们，能让人觉得我们的茶是有时间传承和文化沉淀的，能让他们喝到不变的家乡味道。

图二十八

通过多年的贸易往来，我与很多马来西亚老华侨渐渐成为了亲人，他们经常说，普洱茶是可以升值的乡愁。我的一位华侨友人，从二十世纪九十年代中后期开始一边喝茶一边存茶，茶都变成了家里的装饰。这个家装简单的家庭，沿墙摆放着大大小小的缸和紫砂罐，自成一格。起初他也没有投资的概念，主要是怕茶价上来喝不起茶，先摆了一屋子。在马来西亚，这种以家庭为单位的"小仓"十分寻常，很多老茶都是从这些家庭仓流出。

家庭仓之上便是茶行，介于小仓和大仓之间，经营的性质更为突出，且代代相传。槟城的林小姐经营着当地最大的茶行，她的女儿也从小喝茶爱茶。很有趣的是，她的女儿从家族的茶生意中，小小年纪就学会了经商之道。这既得益于她打小的耳濡目染，在茶行听父母跟人谈生意，也跟她自身的身体力行有关。家里整理货柜的时候，她会用零用钱买一些清库存的样品茶、小众茶，放上几年，有人找时再卖出去。如此周转，她发现这是一笔可观的收入。如今，林家的女儿年纪不大，已是谈生意的好手。

图二十九

与香港茶行大批量进茶租赁仓库存储不同，马来西亚的茶行是把茶卖到客户手里，茶行有进出货记录，知道老客户手里有什么茶。遇到寻茶的客户，茶行再动员老客户把茶让出来。如此一来，既没有库存的压力，又减少了租赁仓库的支出，老客户也能从中获利，更有藏茶的动力。

在马来西亚，很多老茶客家里收藏量很大，既是为了满足自身品饮的需求，又是茶行库存的延伸。我的茶友拿督李就是很典型的代表，李先生本身有很多别的产业，但因为喜欢茶，遇到好茶就买下来放到私人的茶仓，积少成多，慢慢有了一定的规模。喝茶、买茶、藏茶，对很多马来西亚的华人来说是非常自然的事情，这种教育从一个个家庭开始，孩子耳濡目染，从小就形成了爱茶的理念。马来西亚是一个国际化程度较高的国家，当地的华人以传

图三十

073

图三十一

播茶文化为己任，他们不但立足于本国，而且放眼世界，积极参加国际性质的茶文化论坛，推广"大马仓"的概念。

藏新茶，喝老茶，给子孙留一些值得期待的滋味，是很多老华侨对待茶的态度，也是马来西亚大小茶仓存在的精神依据。他们身上那种慢悠悠的生活节奏，对茶的依赖，保留了中国曾经典雅而舒缓的生活方式，让我喜爱非常，感动非常。在马来西亚老华侨身上，实现了茶的生活品饮与商品交易的双重属性。

每次到马来西亚，当地老华侨见到我就像见到亲人一样。老人家会拿出自家珍藏的老茶，我一边喝茶一边听他们讲从哪里收的茶、放了多少年，深切感受到普洱茶已经渗透到老华侨的血脉中，这里面有对上一代华侨的感念，也有对新一代的希望和寄托。

第九节 普洱茶，一门通往世界的无声语言

人世间，有一种最美的语言，即我不说一言，你却懂得了我的欲说还休，这是一种无声的艺术。茶落杯中，亦是无声无息，却早已将一切洞悉。

表面看，一杯老茶，茶汤浓而酽，酡红色透着秘而不宣的蛊惑。但茶香深处，是一座山云与雾的私语，是一整个春天的明媚，是流淌在枝蔓间的空气和风；也是用等待、苦涩酿制的有生命的液体。它是一门无声的语言，不止在有中国人的地方流转，也早已打开了世界之门，只要喝得懂，就能听得懂。

十多年前，门道在机场附近的中央酒店开了一间茶室。有一年春季的广交会，俄罗斯驻华大使杜马先生来到广州，他的秘书提前打来电话，说要来门道喝茶，并专门交代后面还有别的行程，不会待太久。

我因为做出口贸易的关系，之前负责过俄罗斯的订单，去过圣彼得堡和莫斯科，知道俄罗斯人也喝茶。俄罗斯的历史学家阿列克谢·沃雷涅茨曾在一篇文章中写道：到 19 世纪中叶，所有社会阶层，从贵族到最穷的农民都在喝茶。即便在 1825—1855 年，执政最为严厉的尼古拉一世也下令为被囚禁的革命者提供茶叶，因为不这样做将是不人道的。但俄罗斯人喝茶跟我们不同，他们习惯喝红茶，而且偏好在里面加柠檬、糖、牛奶，做成很甜的调饮茶。

考虑到俄罗斯人喜欢喝高度数的伏特加、浓郁的调饮茶，应该偏好重口味的茶。杜马先生来了之后，我给他泡了 83 铁饼，这款茶压得紧，茶气足，口感霸道。杜马先生一喝很喜欢，我们一边喝茶，一边聊两国的饮茶文化，他对普洱茶产生了浓厚的兴趣。

一道茶喝完，杜马先生让秘书取消了之后的行程，留在门道喝了一下午的茶。

这让我相信，好茶是没有国界的，它是一门通用的语言。以此为桥梁，它能让一个外国人对中国茶文化产生浓厚的兴趣，让习惯了调饮茶的人去探究清饮茶的丰富层次和馥郁口感，并期望把普洱茶带回国，甘愿义务当它的推广大使。

2004年参加广州秋交会的时候，我认识了来自英国的爱德华。他是一位茶商，非常年轻，只有二十几岁。他对中国文化很感兴趣，在英国的时候学过中医和针灸，这次来是想寻访一些比较特别的中国茶。爱德华来门道饮茶，我给他泡了存放十二年的92红丝带。众所周知，英国也是饮茶大国，他们的英式下午茶世界闻名，但他们喝的是奶茶，在红茶中加糖和奶，追求的是丝滑甜蜜的口感。我很好奇，一个年轻的英国人能不能喝懂普洱茶。

92红丝带是二十世纪八九十年代勐海茶厂为台湾定制的一款茶，选料精细，经过十多年的干仓存储，茶汤是漂亮的琥珀色，晶莹剔透，口感饱满，回甘持久。爱德华很喜欢，而且对茶有自己独特的理解，他被普洱老茶深深打动了。他当即决定买一些老茶回去，说这才是中国最特别的茶。

图三十二

图三十三

图三十四

因为热爱普洱茶，我们成为很好的朋友，他后来每次来中国，都会到门道喝茶，也会买一些老茶回去跟自己的朋友分享。2006 年和 2007 年，连续两年，我带他到云南寻茶。在古茶园看到上千年的古茶树，爱德华理解了为什么喝普洱茶会感受到一股强烈的力量，他认为这是自然的力量。自然的力量，是无需言说的，不分国籍年龄，勿论肤色语言，它能直抵人心，引人共鸣。

2007 年，爱德华邀请我在英国伦敦举办一场茶会。在伦敦的索菲特五星级酒店，爱德华邀请了很多伦敦的名流，其中包括英国的高级品酒师、米其林餐厅的主厨，他们的身份和品味决定了这是一场高规格的茶会，中国的普洱茶能不能打动这些人的味蕾，我多少有一些忐忑。

在这场茶会上，我泡的是生产于二十世纪五十年代的红印，红印是佛海茶厂向勐海茶厂过渡时期生产的茶，选用的是勐腊出产的优质壮硕茶青。干仓陈放半个世纪以上的红印茶面油润，茶汤透红，隐隐透着兰香。来的嘉宾中没有一个人喝过普洱老茶，他们看着酒红色的茶汤，便以喝红酒的态度来喝普洱茶，于是一喝就懂了。

0 7 7

普洱茶和红酒是相通的，喝一杯酒，能够想象酒的一生，喝一泡茶，同样会惹人想象一片叶子的一生。茶和酒，都是有生命的东西。

图三十五

借由红酒，他们在一杯茶汤里，探讨一片树叶成长的那年发生了什么事，云南的太阳如何闪耀，热带雨林的植物如何繁茂，他们会想采集叶子的人们过着什么样的生活。这是一款经历了五十多年的老茶，它经过了怎样的流转。甚至，他们会跟我探讨，今天泡的这款茶，如果换一个时间，会不会又不一样。在英国人的概念里，一瓶酒是不断变化的，我告诉他们，茶也一样，在时间中持续演变，直到达到最完美的境界，在我们的口中绽放，同时也是最终的消亡。

这一场茶会，让我对普洱茶更有信心，它是能够做到像红酒一样，在整个世界畅通无阻。后面再做茶，我也有了更高的要求。回国后，门道为英国的客人定制了一批 2007 年生态沱茶。2007 年的生态沱茶以符合欧盟标准的有机原料精制而成，这一款产品是中西方文化交流探索的结果。

每次去法国，时间充裕的情况下，我会去走访一些酒庄。令我印象最为深刻的是法国勃艮第的罗曼尼·康帝（La Romanēe Conti）酒庄，在红酒界，罗曼尼·康帝素有"酒王"的美誉，在爱酒人的心目中，更是一个不朽的传说。这座酒庄却是出人意料的简单低调，朴实无华。

酒庄为什么一直保持这种简洁、素朴的风格？那是因为，赋予一款红酒灵魂的并非放置它的空间有多奢华，而是它的出身，即葡萄生长的环境、制作工艺及酒窖。罗曼尼·康帝掌门人奥贝尔·德维兰曾经说过："只有真正的风土才可以给酒带来灵魂，它是一种非物质的独一无二的东西，我们所尝到酒中的真正灵魂就是来自这里。"这句话是非常深刻的，是罗曼尼·康帝多年来一

图三十六

直坚守的核心。如今，罗曼尼·康帝从葡萄园的耕种、管理到采摘、酿造、窖藏跟十一世纪开始酿酒时，并没有特别大的差别，对传统的传承和坚守让酒庄的酒保持了稳定的品质。

世界上，唯一与红酒内核接近的，就是中国的普洱茶。普洱茶同样讲究原产地，不同产区山头原料的口感和品质区别明显，而且原料的口感和品质与那年的气候相关。红酒讲究酒庄，普洱茶的品质也跟茶厂的水准密切相关。此外，尤为重要的是，普洱茶后期仓储的影响与红酒的窖藏品质如出一辙，一个好的转化环境，是成就绝佳滋味不可或缺的条件。

遇到一款好的红酒，与品饮一道优质的普洱茶，有异曲同工之妙，两者都有着丰富的层次，香气、口感都会随着醒酒时间的不同或冲泡的次数不同而呈现复杂的变化。

好茶与好酒一样，是无法定义的，它们都值得在岁月中等待。其实世间所有美好的事物达到一定的境界，都是美得不可方物，一如语言的最高境界是无声胜有声。无，不是空，是繁复却和谐，是爆发前的临界值，是众声合一的静默。

当面对一杯用几百年乃至上千年古树的叶子做就然后又经过了几十年陈化的普洱老茶，任何语言都不用说，因为喝的人会懂。懂得自然与时间的力量，也就懂了茶，也就懂了这一门无声的世界语言。

图三十七 罗曼尼·康帝酒庄外景

图三十八 罗曼尼·康帝酒庄酒窖

图三十七

图三十八

081

时空的礼物

第二章

Part

2

The Gift of
Time and Space

空间为宇,时间为宙,
二者交织方有宇宙时空。

普洱茶呼应着天地自然,
时间与空间缺一不可。

人与普洱茶在某个时空交错处会聚,
这是真正的天人合一。

万千滋味,瞬间迸发,
是时空激荡的浪花,
是一株植物在宇宙中的回响。

第一节　干仓时代的到来

二十世纪九十年代末，普洱茶并无仓储的概念，老茶刚刚兴起，人们更多关注的是老茶的年份及出身，却忽略了存储环境对普洱茶的作用。

我喝过很多老茶，个人的口感、体感都喜欢干仓茶——即在干燥通透环境下自然陈放的茶。那时，我们喝到的大部分老茶都是通过港澳台及马来西亚返销回来的，不同的存储环境，让同一年份同一茶号的茶差异很大。亲身对比过成百上千个样品后，我确定干仓茶才具有品饮和收藏的价值。从那时起，我已经意识到存储环境对普洱茶的重要性。

从二十世纪末到二十一世纪初的几年，门道主要做普洱茶的出口贸易，每月大概出口一至两个货柜、十几个品种的普洱茶。同时，也进口回来很多产品，我在马来西亚、中国台湾等地收了很多老茶，逐渐累积了几百个品种。如何存放这些产品成为当时亟待解决的问题。

仿佛是冥冥之中注定的，在找寻仓库的过程中，我遇到了芳村附近的一批粮食仓正在出租。这是几栋建于二十世纪五十年代的老建筑，一直作为粮食仓使用了几十年。厚重的青砖，斑驳的铁门，房间是四五米的挑高，里面通透干爽，我一眼就看中了这几栋老房子。几经辗转，门道从世界各地收藏的老茶和每年的高端定制茶终于找到了安身立命之所。

1 1 3

图一

图二

图三

114

普洱老茶的价值是台湾茶人最先发现并倡导的。二十世纪八九十年代，台湾的经济开始复苏腾飞，一时跃为亚洲经济四小龙之一，普洱茶以其较强的解油腻、助消化功效开始在台湾流行。1997年前夕，香港的一些茶楼或关张或易主，仓库中翻出了存放几十年的普洱茶。台湾人收购了这些老茶，一片片喝，不停地对比，并查询老茶的历史，以邓时海为代表的第一批普洱茶研究者开始发现普洱老茶的价值和魅力。二十世纪九十年代后期至二十一世纪初，号级茶、印级茶、早期七子饼的价格节节攀升，号级茶开始卖到几万元一筒，到后来拍到上百万元一筒，收藏老茶成了一门非常赚钱的生意。

普洱茶热兴起后，人们在品饮过程中发现，存储环境的差别直接影响着茶的品质，茶仓的概念在此过程中初步确立。当时，在自然通风环境中存放的茶被称为干仓茶；反之，在人为制造的湿热环境中快速转化的茶称为湿仓茶。湿仓茶是求快的结果，益菌群与杂菌急速共生必然会导致内含物质转化时的失衡，并最终降低普洱茶的品质。

很多人都认为，是先有了老茶的概念，当老茶的市场发育到一定程度之后，才有了茶仓的概念。门道在珠江之畔选建茶仓是无意之举，却在一开始就坚持以干仓存放老茶、中期茶、新茶，几乎与老茶价值的发现同步。二十年来，门道不但以高端定制做茶，也以严苛的干仓来存放茶。门道的茶都放在二楼以上，离地、干燥通风、环境洁净是存茶最基础的三要素。

当时，市场上茶叶品质良莠不齐，能喝到一款口感纯净的干仓茶基本靠运气。以大家耳熟能详的88青为例，这款勐海茶厂二十世纪八十年代后期生产的7542，经过二三十年的转化已步入老茶的行列。但并非每一片88青都好喝，甚至两片茶的口感差异很大，这种差异是由存储环境导致的。

图四

115

在普洱茶兴起的前几年，喝到湿仓茶是非常普遍的现象。香港的仓储由入仓、退仓两部分构成是众所周知的流程。所谓入仓，是把新茶放入高温高湿的密闭环境，促使其快速转化。而这种环境微生物菌群难以控制，在产生大量有益菌的同时，难免滋生其他杂菌和腐败菌。一旦后者数量过多，就会产生霉变，影响茶的品质。这就需要退仓，所谓退仓是通过技术干扰清除杂菌和腐败菌，减少茶的霉味。如果退仓退不干净，就会有霉味，不但影响口感，而且喝了身体也不大舒服。

很多人觉得喝普洱茶的体验只可意会不可言传，随着科学的进步，普洱茶也逐渐有数据可依，开始用事实说话。在做茶的过程中，我认识了一些茶叶界的专家，在跟他们交流的过程中，大家得出了用科学数据说话的结论，并开始做这方面的资料整理和研究工作。这么多年来，门道建立了干仓的仓储体系，也进行了相关课题的研究，为干仓茶提供了一份有据可查的样本。

众所周知，普洱茶是后发酵茶，无论生茶还是熟茶在压制之后都有一个陈化的过程，后期仓储陈化是普洱茶必不可少的生产环节。普洱茶陈化与酿酒一样，普洱茶的仓相当于酒窖，非常重要。就比如把新酿好的红酒从酒厂拉出来在自己家里存放，过上几年，它跟在酒窖橡木桶中存放的有天壤之别。

图五

门道分析了普洱茶的样本和多个地区的环境后发现，普洱茶的仓储对其后期转化起决定作用的不仅仅是温度和湿度，还有微生物的作用。茶叶中多酚类物质、糖类物质、芳香类物质、含氮化合物、水浸出物的转化都与微生物有关，甚至普洱茶的生理活性成分也是由微生物菌群决定的。普洱茶优良品质和诱人口感的出现是一个复杂而细微的过程，建立在一定的条件之下。

普洱茶归根结底是发酵的艺术，微生物在温度相对较高的夏秋两

图六

Part
时空的礼物
2

图七

季进行繁殖，到了低温的冬春时节就会休眠。夏秋冬春吐纳之间，风味物质不断形成。比如在黑曲霉作用下会产生柠檬酸及醇类、酯类等物质。酯类物质以芳香性物质为主，是普洱茶的香气来源。通过年复一年的转化、积累，普洱茶不但越陈越香，而且由苦涩变甘甜、由刺激变柔顺。

因此，不同地区、不同存储环境，会使普洱茶出现不同的陈化特点。比如环境干燥的云南昆明、大理一带，普洱茶陈化较慢，涩感明显，但香气足，回甘生津迅猛。但在空气湿热的地区，比如香港、马来西亚等地，茶叶转化较快，茶汤柔和顺滑，而缺点是存储不当容易产生霉味，影响茶的香气和口感。

如果说产地是茶的第一故乡，茶仓就好比茶的第二故乡，第一故乡从基因上决定着茶的品质；第二故乡则在后天的角度塑造茶的风味，最重要的便是有益菌群的数量和种类。无仓不成茶，有益菌群是茶仓看不见却必不可少的灵魂所在。

在干仓的基础之上，门道也从两方面保证了茶仓有益菌群数量和种类的丰富平衡。一是门道的产品均是由大厂生产，历史悠久的老茶厂生产车间已经形成稳定的微生物群落，这同样是无形的财富；二是存放的老茶以自身携带的菌群引导新入仓的茶，老茶带新茶，是无形的接种。两者的叠加让门道茶仓形成了完备的微生物菌群体系。

因为坚持干仓，也发生过一些有趣的事情。有些人喝了门道的茶，会说这个茶的年份不到，不够老。但是他们喝完又会觉得门道的茶味道很特别，身体非常舒服。

门道是顶着很大的压力来做干仓的，是用慢的方法来维护茶的自然属性、健康属性。我们请了很多专家，来做科学研究、验证。

119

图八

门道收藏了很多中期茶，也按照号级茶、印级茶的配方标准做了很多高端定制茶，并在门道茶仓见证了它们的发酵变化。一路走来，也有忐忑，不知道茶后期会转化到哪种成色。但在内心深处，我们相信只有干仓茶才有市场，才有未来。

总有人问我，做茶的秘诀是什么？我只能说，做茶是没有捷径的。就像云南的那些古树，生长了千百年，在森林里与世无争，安于寂寞，它的价值终会被人类发现。一棵树可以等千年，我们做一饼茶为什么不能多一点耐心呢？做好茶没有秘诀，你给予多少，就会得到多少回报。我一直觉得，见证一款茶的成长是非常幸福的事情，就像看着一个孩子由青涩到成熟，最终羽翼丰满、展翅高飞。给一饼茶一个好的环境，然后，静待花开，芬芳自来。

第二节　去茶的故乡走一走

云南是茶树的故乡，也可以说，茶的种子从云南启程，翻越万水千山，播撒在高高低低的山涧溪畔，孕育出不同的滋味，赐予人间无数芬芳。到过云南的古茶园后，我对茶树的认知一次次被颠覆，这一株株古老而神秘的植物超越了我的想象。

茶圣陆羽在《茶经》开篇写道："茶者，南方之嘉木也。一尺、二尺乃至数十尺。其巴山峡川，有两人合抱者，伐而掇之。"我推测，陆羽一定没有去过云南，如果他去过云南，看过古茶园，《茶经》可能就要改写。

目前，其他地区的古茶树、古茶园并不多见，中国之外的茶园，树龄在百年、千年以上的古茶树就更是少之又少。而在彩云之南

120

的滇西南，如西双版纳、临沧、普洱等地，成片的古茶园十分普遍，高大的古茶树与其他植物相伴相生，蔚为壮观。

在云南，除了这些古老而高大的茶树之外，采摘下来的鲜叶也令人叹为观止，一片鲜绿的叶子几可盈掌，云南大叶种名副其实。云南大叶种的形成与地理环境、气候条件以及生物多样性都有关系。这就是大自然最神奇的地方，没有哪一个生命是一座孤岛，万事万物互相影响，并决定了彼此的面貌。地理、气候、生物，形成了良性的循环，促成了生物界的丰富多彩，造就了云南

图九

图十

这一方动植物的乐土，也是茶树最天然的家园。

适宜的气候，营养物质丰富的土壤，逐渐形成了树木高大、叶片肥硕的独具特色的云南大叶种茶。在中国其他地方，如广西、海南、湖南等地，也发现了大叶种的茶树，但这些地方的茶树与云南的乔木大叶种并不相同，茶叶的内含物质更是有很大的区别。云南大叶种茶叶相比其他产区的茶叶，内含物质含量更高，芳香物质也更为丰富。

普洱茶素来有一山茶有一山味之说，一江之隔的布朗山茶区与易武茶区，两地的普洱茶是完全不同的风味。作为普洱茶区中最具代表性的存在，凡是喝普洱茶的茶客，大多都绕不开易武和班章，班章是布朗山的典型代表。

我对易武茶有着很深的情愫，这是因为早期接触到的老茶大多是号级茶，而号级茶正是产自易武。早在清朝雍正年间，清政府专门设立了普洱府来控制茶叶生产，普洱茶也迎来了一段辉煌的时期。当时在云南各大茶区中，六大茶山名气最大，易武古镇是六大茶山茶叶的生产集散地。

图十一

从清代中后期至民国初期的一百年，易武茶极为兴盛，茶庄、茶号云集，更是普洱贡茶出产之地。这里生产的七子饼外销后散落海外，经漫长的时间陈化而成了堪比古董的号级茶，在嘉德、保利等高端拍卖会上，拍出的天价老茶基本产自易武茶区。

喝过那么多老茶，对于易武，我一直心怀神往。二十一世纪初的某个春天，我去西双版纳寻茶，到达西双版纳之后，时任州长开着皮卡陪我去往各个村寨，去的第一站就是易武。那时尚未修建公路，一路在山石土路上颠簸，目之所及全是悬崖峭壁，又赶上下雨，泥路湿滑，稍有不慎就有可能跌入万丈深渊，我们开玩笑说简直是在拿生命寻茶。

图十二

因为不熟悉路况，经常走错路，我们开了七个小时才抵达易武古镇。暮色四合，落日的余晖把雨后的茶山染成金色。在古茶园，举目四望，漫山遍野是郁郁苍苍的热带雨林、爬满青苔的千年古茶树，给人以穿越时空之感。当时我一下就感受到来自原始森林的震撼，那股神奇的自然力量惹人动容。易武山路崎岖，与外界没有通公路，几乎长时间与世隔绝。易武的茶有一股原始的山野韵味，品质超乎想象。

我们走进茶农家里，吃饭喝茶。茶农都非常质朴，拿出家里最好

1 2 3

图十三

的东西招待我们，炖鸡汤、炒腊肉，把我们当成贵宾。虽然他们家境比较贫困，但他们脸上都洋溢着最纯真的笑容。他们把茶看得很重，坚持以传统的方法种茶、采茶、炒茶、晒茶。家家户户的竹篾上都晾晒着毛茶，空气中飘散着易武茶特有的蜜香。

明清时期，很多汉人来到云南谋生，其中一部分在雍正、乾隆时期来到易武，开垦茶山，开设商号，在此落地生根。如今，汉人与少数民族混居，生活习惯和风俗也互相影响，当地人有着勤劳与内敛的个性，这就像易武的茶，不事张扬，却汤柔水甜、韵味悠长。

热情的州长带我跑遍各个村落，给我介绍当地的文化和各个民族的特点，拜访当地的茶人，我因此有幸结识了刀述仁老先生。他是勐海末代土司，也是中国佛教协会的副会长，很多人都尊称他为刀老。刀老家里世代做茶，民国时期，他的父亲经营一家叫鼎兴号的茶庄，以生产高档普洱茶著称，家里做的茶叫板凳茶。他自己也喜欢喝茶，每天都离不开普洱茶。他说喝茶能让人心里清净，对于心血管健康也非常有益，是他保持身心健康的重要法宝。

图十四

我陪着刀老去了他山中老家的院子，他讲述着父辈做茶的经验，一再提到四个字：遵循自然。他说当地商号都是用附近山上的茶做原料，因为翻山越岭对当时来说条件不允许，用当地的茶，以传统工艺炒制晾晒、用天然竹叶包装，再自然陈放。他看着洒满阳光的院子不由感叹，日子慢慢过才有味，茶慢慢做才好喝，这是老祖宗留下的经验。

易武的茶就像当地的生活方式，也像当地的人，慢悠悠的，有股说不出的温柔。跨过几座山，到了勐海，以班章为代表的布朗山系却是另一番风格，布朗山的茶张扬霸道，富有冲击力，一下就会给人留下深刻的印象。即便是刚刚踏入普洱茶门的新茶客，说

1 2 5

起班章，也会头头是道。而几乎所有的茶店，如果拿得出一筒真的老班章，那都是无上的光荣。这令人津津乐道的老班章，就深藏在布朗山脉中。除了老班章，班盆、老曼峨、贺开、帕沙等也各有千秋。山势高，日照时间长，土壤富含矿物质，布朗山的茶品质卓越，其口感可以用浓酽来形容，茶汤浓厚，滋味丰富。

布朗山的茶刚猛霸气、热情澎湃，凛冽的口感犹如布朗族的男子，透着浑厚的力量。而其饱满的口感，又像佤族姑娘的歌喉，极具穿透力。布朗山方圆 1000 多平方公里，居住着布朗族、佤族、德昂族等土著山民，他们日出而作、日落而息，始终守护着这片土地。也正是这种与世隔绝的生活，让布朗山民与大自然息息相通。他们吸纳大自然的馈赠，满山的珍奇化成强健的体魄、热情的个性。据悉，当地的布朗人至今流传着这样一个故事，他们的先祖带领部族把这里的山岭变成了大茶园，然后在遗训上写着："我给你们留下牛马，怕遭灾害死光；我给你们留下金银财宝，你们也会吃光用光。就给你们留下茶树吧，让子孙后代取之不尽，用之不竭。"

布朗人是非常爱茶的，而且崇尚天然，茶树多野放生长，茶农除了每年除一两次草之外，均不进行茶枝修剪、施肥等管理，任茶树自行生长。茶的产量低，采摘也极为不易。一个人一天顶多采两斤茶青，四至五斤茶青才能炒出一斤毛茶。

在号级茶时代，多用古六大茶山的茶青来制作，而到了印级茶时代，用料开始不同。我一直很喜欢红印，我跟很多人一起喝过红印，大家都认为它是一款非常有力量的老茶，这与它拼配了布朗山的原料不无关系。

都说班章为王、易武为后，前者刚强霸气，茶汤厚重，入喉浓强的苦底迅速转化回甘；后者韵味悠长，香甜柔和的口感有"蚀骨

图十五

图十六

128

销魂"的魅惑，萦绕心间，余韵绵长。两者可谓各有千秋，却都有着令人难以抵挡的魅力。而且事实已经证明，这两个地区的茶都经得起时间的考验，成就出难以超越的号级茶和印级茶。

从 2000 年开始，门道为了保证原料的品质，分别在易武和帕沙设立了两个初制所。所谓初制所，是完成茶青的收购及炒制晾晒等工序，制作成毛茶的地方，初制所制作的毛茶再运到大厂完成拼配和压制。选择在易武创立初制所很好理解，这里本来曾经就是茶的集散中心，有良好的基础。帕沙相对小众一些，却是其他哈尼族寨子的根据地。以前哈尼族的寨子住户达到 100 左右便要分新寨，周围的寨子都是从帕沙分出去的，包括老班章、班盆等都是由帕沙迁出，一个寨扩大成了七八个寨。无论是易武还是帕沙，两个初制所的炒茶工人都是本地坚守传统技法的茶农，杀青后日光晾晒，保留了普洱茶最原始的野性和香气。

我的弟弟张齐炀，大学的时候开始接触普洱茶，并喜欢上了普洱茶。大学毕业后，他因为喜欢普洱茶，去了云南茶山，负责门道的毛料采收工作。那时，普洱茶还不火，茶山保持着千百年来的淳朴。张齐炀每年八个月的时间待在山上，和茶农一起采茶、做茶、喝茶、喝酒。每天都要试茶，把控毛料的品质，因为喝了太多生茶，把胃都喝坏了。他跟茶农的深厚情谊是喝出来的，一是喝茶，二是喝酒。做茶非常辛苦，茶与酒支撑着一股精气神，让他们在做茶的路上乐此不疲。常年待在茶山，张齐炀不但熟知每一个山头原料的特点，也练就了一试茶就知道毛料是什么成色什么水准，是偏苦还是偏涩，该用哪一种料来平衡的本事。每一年茶的品质是不一样的，他也都心中有数，在拼配时提供合适的原料，从而使最终的作品达到最优。

每次喝乔木老树的时候，我越发对那片土地、那里的山民产生敬畏。想一想，他们一代又一代以传统的方法做茶，并冒着生命危

图十七

险将做好的茶从巍峨的茶山和封闭的村落运送到千里之外，这本身已经让人感动和敬佩。

跟那一棵棵茶树、一位位茶农比，我越发感到自己的渺小，于是，默默告诫自己，一定要把茶做好。每一款茶进入茶仓等待，都是时间对产品的检验，而只有把前面的每一个步骤做好，才能有信心去等待。

第三节　龙马同庆号：二见钟情

在众多普洱老茶中，龙马同庆号是我最喜欢的一款老茶。同庆号始创于乾隆元年，有"普天同庆"之意，堪称普洱茶中真正的百年老号。在乾隆年间，同庆号因选料精细、做工优良被官府选为贡茶，同庆号在普洱茶界享有"普洱茶后"的美誉。

只是，第一次喝同庆号的体验并不十分美好。有一年，我去外地访茶，一位茶友得知我的到来，特意邀请我去家里喝茶。他隆重地拿出了自己珍藏的龙马同庆号，虔诚冲泡，小心地将茶汤放到了我的面前。说实话，耳闻龙马同庆号已久，也充满了期待，看着深栗色的茶汤，我内心欣喜而激动。只是，一口茶喝到嘴里，直觉告诉我，这个茶不对，难道是我的期望值过高？在那样的场合下，我只能安静地把茶喝完，并感谢茶友的款待，对龙马同庆号的印象却是徒有虚名，不过尔尔。

图十八

131

这一场相遇，仿佛是与慕名已久的偶像见面，见到之后，偶像谈吐粗俗、丑态毕露，我感觉自己上当受骗了，失望了许久。后来，普洱茶界的老前辈、台湾的邓老先生到广州跟我见面。说起老茶，邓先生很诚恳地说，在众多普洱老茶中，他很喜欢龙马同庆号，并认为这款茶优雅内敛、口感柔和，非常适合女性来品鉴。当时，我对邓老先生的话是有一些怀疑的，告诉他我第一次喝到龙马同庆号的体验并非如此，老先生听完我的遭遇笑而不语，只说了一句，可能遇到的并非良人。

就在我本以为与龙马同庆号的缘分就这样戛然而止的时候，我在马来西亚竟然与它再一次不期而遇了。

因为工作的缘故，我每年都要去几次马来西亚，而每次我到了那边，当地的华侨都会举办茶会迎接我的到来。大家带着各自的老茶，一边喝着老茶，一边聊着存的普洱茶发生了什么样的变化、最近遇到了什么好茶，如老友相聚，其乐融融。有一次到了吉隆坡，跟老华侨茶聚，一位老华侨特意带来了龙马同庆号给我品鉴。因为有了初次相遇的坏印象，我对龙马同庆号有些不以为然。然而等到老华侨泡好了茶，拿给我喝，一口茶入了口腔时，我不由一惊，茶汤柔滑细腻，陈香浮现，隐隐有兰香袭来，我一下被这款茶感动了。一见是见了假的或放坏了的龙马同庆号，二见才是货真价实且被细心呵护的正主，让人不由心生欢喜。所以，我对龙马同庆号是二见钟情。

从此，龙马同庆号成为我心心念念喜欢到暗自惦念的一款老茶。缘分就是这么奇妙，后来我有幸遇到一位王女士，是老茶的忠实粉丝，听闻她收藏了龙马同庆号，我慕名而往。她的家里古香古色，她本人喜欢弹古筝、喝老茶、打太极，我们一见如故。聊起老茶，她得知我非常喜欢龙马同庆号，就割爱让出了自己珍藏的那筒经过百年洗礼的龙马同庆号老茶。我带着这一筒龙马同庆号回到了广州，真是心满意足，有如获至宝的快乐。

在喝茶这件事上，我多少有些率性，不管是号字级还是印字级，想喝就会拿出来喝，很少去考虑这些老茶还剩多少。当然，这也是因为在早些年，老茶无论从数量还是价格，都不像今日既稀少又千金难求。那时，我们这些爱老茶的小众群体，可谓是在老茶的世界畅游，碰到真茶好茶都会买下来，大家一人分几片，一高兴了就拿出来喝，都是乘兴而来，兴尽而归。

图二十

2010 年上海世博会期间，我带了一饼龙马同庆号到上海。那几天，跟很多茶友品茶，茶逢知己一样是千杯少，我高兴地打开了这饼老茶跟大家分享。老茶有着神秘而不可言说的力量，就像是聆听一段传奇，每个人都被这款茶打动。一道茶下来，宾主尽欢，纷纷感慨百年之后的美丽相遇。然而，离开酒店回到广州，隔了一段时间我才发现那饼茶落在了酒店。一饼茶只喝了几泡，弄丢了实在可惜，我心疼很久，却也无可奈何。我想这是老天在提醒我不能够浪费茶，尤其是老茶，一定要格外珍惜。从此之后，我把剩下的龙马同庆号封存了起来，这款百年号级老茶，除非特别的情况下，我再也不舍得喝了。

几年后我又去上海，住的是同一家酒店，我辗转得知，当时酒店的人发现了我落在酒店的茶，因为一时联系不到我，就转赠给了一位入住的高僧，恰巧这位高僧也是爱茶之人。这就是人和茶的奇妙缘分，那饼龙马同庆号能够遇到欣赏它珍视它的有缘人，终于让我释怀。

老茶注定是越喝越少的，生也有涯，能够遇到或许都是冥冥之中注定的缘分。可能，所有的老茶都是这样，事后你才会知道，你喝的那一泡其实是绝响，喝完之后，以后再也遇不到了。遗憾吗？其实也并不是特别的遗憾，至少我们曾经相遇过，而且每一

135

次的遇见都那般美好。就好像你翻越万水千山，穿过百年的岁月来见我，我领略了你的美妙，哪怕从此山高水远不能再见，也已经足矣。

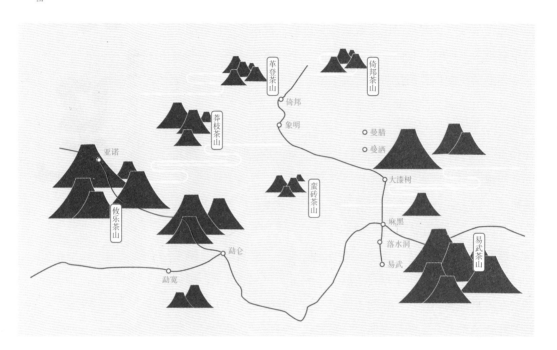

图二十一

第四节　无声的线索

怎么才能做出好茶？我相信榜样的力量，认为可行的方法是在自己喝过的老茶中找做茶的线索，用老茶的味道来探寻新茶的味道。喝过足够多的老茶，我逐渐明白，每一道茶都提供着无声的线索，它们以经验或教训的方式指引着后人的茶路。号级茶是老茶中的泰斗，亦是后辈难以企及的好茶典范。我们能喝到的号级茶基本都产自古六大茶山一带。古六大茶山是普洱茶的经典产区，既有优质的茶树资源，又积累了丰富的制茶经验。在漫长的时光里，

136

这些茶不疾不徐地转化，原本的苦涩褪去，柔顺绵长的陈香和甘甜浮现，但是普洱茶本身的茶气还在，就像秋日的阳光，因为距离而变得柔和温暖，让人想要靠近。

号级茶代表了一个时代，是普洱茶传统手工业时代的巅峰。接替号级茶的是从二十世纪四十年代延续至七十年代的印级茶，印级茶是老茶界的另一座高峰。

提及印级茶，不得不说的是这些经典之作的诞生之地——勐海茶厂。勐海是西双版纳的一个县，原先是车里宣慰司的领地。当地有成片的古茶林，上百年的古茶树随处可见，因此有着丰富的原料资源。

1938 年，为振兴中国茶产业，受当时中国茶叶公司的委派，毕业于法国巴黎大学的范和钧先生和毕业于清华大学的张石城先生带领九十多位来自各地的茶叶技术人员来到勐海筹建茶厂。他们普查了周边的茶叶生产情况，总结吸收了传统普洱茶生产工艺，引进了机械制茶的技术和设备，于 1940 年正式建厂投产。

关于普洱茶的拼配，一般分为茶区拼配、级别拼配和不同年份拼

图二十二

图二十三

配。茶区拼配是为了协调不同茶区的香气口感；级别拼配是平衡茶的内质，增加其美观度；年份拼配在于稳定质量，协调茶的柔滑度。

拼配是通过将不同茶区、不同级别、不同年份的茶叶进行合理组合和精致加工，使各部分的茶性达到平衡，使茶的口感更丰富、更协调。除了口感上的衡量，拼配技术也有贸易上的考量。通过拼配，使普洱茶的色香味形达到一定标准，并造就产品稳定的品质和突出的个性，形成一款经典的产品。

多年与茶打交道的经验告诉我，拼配最重要的就是对样准确。随着时间和空间的变化，每年收到的毛茶都不一样，如何用这些变化的毛茶做出口味基本一致的成品，必须参照前一年留下的茶样。拼配这项技术说起来不复杂，但需要多年的经验积累，对茶的理解直接决定着能不能把茶拼好。有经验的老茶师知道，茶的拼配就像谱写乐章，什么样的乐器，什么样的节奏，需要认真斟酌，如此才会有条不紊，乐曲自然，悦耳流畅。

勐海茶厂的印级茶时代上承号级茶、下接七子饼，堪称真正承上启下的经典之作。从1940年开始，勐海茶厂首次生产红印圆茶，一直到二十世纪七十年代初，其间生产的为印级茶。根据中茶商标中"茶"字颜色的不同，红色被称为红印，蓝色被称为蓝印，以此类推而有绿印、黄印。

我个人非常喜欢红印，门道的很多客人也是红印的忠实拥趸者，我们比较过很多印级茶，认为红印是一款非常有力量的茶，有一种穿越时空直抵人心的穿透力。

每一次喝红印，我都会被它充足的茶气和满满的力量感所折服。尤其是在冬天，记得有一次腊八，在北京和家人朋友喝茶，一道红印入喉，瞬间驱走了暮冬时节的寒气，整个人都觉得暖暖的。被封藏了半个多世纪的原野花香在鼻翼口腔蔓延，仿佛春天触手可及。

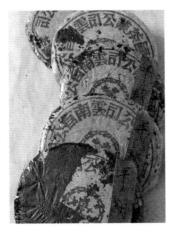

图二十四

图二十五

到了二十世纪七十年代，勐海茶厂开启了七子饼时代，开始应用茶青级数作为拼配的依据，以生产单位和销售单位作为标识重点，茶的编号可以准确呈现生产年份、所用原料级别及生产单位。以经典的 7542 为例，是 75 年生产，以 4 级茶青为原料，由勐海茶厂生产。这种方式，带有一定的量化生产的管理意义，拼配更专业化和标准化，茶品风格及口感更稳定，品质也更好把控。

通过喝老茶，我发现原料、制茶工艺、仓储环境这三点决定着茶最终的品质，门道便力求这三个环节都尽可能不留缺憾。2003 年，在云南走访，我们几乎跑遍了西双版纳的所有茶山，怀着做一款像红印一样层次丰富有力量的茶的初心，了解当地的茶山特点，分析原料的特性，跟具有多年拼配经验的老茶师研究配方。

在勐海茶厂，我们和老茶师商量后对要做的这款茶有了明确的定位：这是一款刚柔并济的茶，能经得起时间考验，陈放之后茶气要足，层次要丰富。

老茶师熟知每个茶区的特点，对于拼配更是经验丰富。当时，茶厂有一批 2000 年的毛料，品质很好但量不大。在我们的协商下，决定以这批毛料打底，与 2003 年易武的乔木老树新茶拼配。

对浸润在普洱茶世界长达几十年的老茶师而言，能用好的原料精心拼配，并能突破固有的经验，完成一款作品，是一件幸福的事，却也是一件不易的事。

这款茶，拼配了很久。茶师们试了好多方案，一次次地试，但都不尽完美，只能继续尝试。到了第三轮拼配，师傅不经意间调整了一个参数，我们一致认为，这款易武乔木老树茶成了。审评的时候，我们发现，这个配方强烈又柔和，通透又余韵悠长，茶气足，苦涩中带着化得开的甜。多年的审评经验以及对茶的直觉，让我确信，这就是自己期待已久的那款茶。

2003年是出作品的一年，至今每每想起，我都很感慨，在云南经历的一切历历在目，回想的时候内心依然澎湃。每一个作品就像自己的孩子，你以为是自己塑造了它，但它却在意料之外，尤其是在它的成长变化过程中，不断地给你惊喜。

图二十六

做茶的线索是无声的，它的秘密都封印在每一块茶饼、每一道茶汤里。有人说"浮生梦欺书不欺，宁愿生涯一蠹鱼"，而我宁愿生涯一茶痴，茶好不好喝，才真正无法作假，与人是最坦诚的相待。而且，一杯老茶，无声诉说着它的三次生命：它的出生地、它的成长经历、它与你相遇的过程。

这是爱茶人、懂茶人才能听到听懂的语言。第一道茶汤，洗去浮尘；第二道茶汤，得见真身；第三道之后的茶汤，它的出身、工艺一一交代。茶，就是这么赤诚坦率。而当喝完这道茶，它的生命结束了。茶以己之躯，完成这一次一期一会，人却从中收获了新的生命体悟。

第五节　时空的礼物

当春天的阳光洒向大地，古茶园再一次从沉睡中苏醒，万物复苏，古老的茶树枝头萌发出翠绿的嫩芽。森林里，树叶上飘荡着薄薄的雾气，春回大地，所有的树木都像关久了的小鸟一般，伸展出美丽的枝条。茶树嫩芽也不甘落后，阳光的抚慰，使它像初生婴儿一样张开自己的双眼，沐浴着光和暖，幸福成长。年复一年，百年千年，茶树就这样一次次奉献出自己的能量，让无数人品尝到它的美妙滋味。这是自然的馈赠，也是时间的礼物。

普洱茶是时间的艺术，鲜叶从古树的枝头采下，它即将踏上新的时间旅程。

任何一款茶的成功，都是基于物质基础和时间的相互作用，普洱茶的优势在于原料是云南大叶种，有丰厚的物质基础，晒青及后发酵的特殊工艺则靠时间来完成。这三者是综合体，缺一不可。

普洱茶产区普遍具有海拔差异大、日照充足、雨量充沛的特点，优越的自然条件为云南大叶种茶叶提供了优越的生长条件，非常有利于茶多酚、茶氨酸、矿物质的合成和积累。经检测发现，云南大叶种茶叶的茶多酚、儿茶素等内含物水浸出率比其他中小叶种高很多，这些物质是后发酵的基础，是普洱茶越陈越香的根本所在。

图二十七

生茶前几年的发酵非常缓慢，通常要放置十年以上，茶才会变得好喝。在当前的科技条件下，人为操纵温湿度是非常容易的，这也是很多速成茶层出不穷的原因。而好的普洱茶，一定要耐得住寂寞，任何生命都是在自然规律下一呼一吸之间保持的生机和活力，普洱茶也不例外。从普洱茶的仓储转化年限，可以分为新茶、中期茶、老茶。如何定义新茶、中期茶、老茶，在业内并无明确的定论。根据门道茶仓的样本数据，从品饮的角度看，十年为界，十年以下的可称之为新茶及半生茶，十年以上、三十年以下的为中期茶，三十年以上的为老茶。

有人喜欢喝新茶，刚刚做出的普洱茶茶性重、茶气强，好似棱角分明的少年，有种初生牛犊不怕虎的刚猛。滋味青涩、香气高扬，口感刺激，最适合它的品尝方式是浅尝辄止，不可贪多。因其茶性太烈，一般人不易驾驭，容易导致醉茶，而体弱或肠胃功能不佳者更不宜大量饮用。

三年之后，普洱茶还会经过两个时期，五年左右的稳定期和七年左右的尴尬期。经过五年的存放转化，普洱茶褪去了青涩之味，苦涩感减弱，口感趋于稳定，厚重感增强，花蜜香浓郁持久，寒性降低，一点点显露其本色。但此时的普洱茶依然寒凉，偶尔品饮能降火除燥，并不适宜经常饮用。到了第七个年头，普洱茶就像七八岁的孩子，调皮而没有定性，它也在寻找以后的方向，喝起来最大的特点是味觉的不稳定、不平衡。其实之所以会如此，是因为在这一阶段普洱茶内含物质比例不协调，我称之为普洱茶的尴尬期。尴尬期不会一下就过去，差不多需要两三年的时间普洱茶才能真正达到新的稳定期，也即存放十年之后，迎来它的适宜品饮期。从第十年开始到三十年，普洱茶处于稳定上升的阶段，十五至二十年为最佳品饮期。

十年树木，十年的漫漫时光，一棵树都可以长成亭亭如盖，普洱

143

茶却刚刚开启它美妙的旅程。经过长达十年的等待，普洱茶缓缓转化，茶性由凉转温，原本的花蜜香开始呈现果蜜香、梅子香、陈香。茶汤苦涩度接近于无，茶汤厚重，茶气醇正饱满，口感细腻绵长，顺滑爽口，回甘持久，初步彰显中期茶的气韵，优质的普洱茶甚至可能呈现药香、樟香等难得的香气，无比迷人。

陈茶的乐趣就在于你不知道时间会如何作用于它，然后给人带来怎样的惊喜，陈化十年以上的茶，茶的寒性消失殆尽，开始慢慢有了温度，此时饮用，不仅滋味甘醇绵长，更可以养胃健脾。以门道的 2003 年乔木老树茶为例，经过十七年以上的仓储，品饮起来陈香若隐若现，汤质饱满沉厚，令人回味无穷，很多茶友对它一见钟情，喜爱非常。

二十年以上的干仓普洱茶，是真正的可遇不可求。这个时间的茶，经过二十年专业仓储陈化，香气醇厚，甚至可能产生了珍贵的药香、樟香、参香等，滋味醇浓顺滑，是时光和岁月赋予的珍贵礼物，且喝且珍惜。

虽然普洱茶越陈越香，但并不意味着普洱茶可以无限期存放下去。邓时海先生在《普洱茶》中写道："普洱的陈化寿命是六十年还是一百年，没有定论资料，但故宫的金瓜贡茶陈期已经一两百年，现在品饮，'汤有色，但茶味陈化、淡薄'。"号级茶、印级茶是我们如今尚能够品饮到的老茶，以我的经验看，它们依然焕发着生机，这得益于原料的品质优良，更重要的是一直干仓存放，而且后期密封保存，限制了进一步的氧化。岁月成就其滋味，而茶躲过了恶劣环境的侵害干扰，何其有幸。

如何判断一款老茶储存时间的长短，按照正常的规律，颜色越深，说明存放的时间越长，转化得越深，成熟度就越高。但这些外观的因素是人为可以干扰的，并不能作为认定一款茶时长的标准。除了

图二十八

外观、茶汤、叶底，还要从口感、体感等多个角度来确认。

很多人都有一个误解，认为只有生茶需要仓储陈化，熟茶可以直接喝，不分年份。事实是，普洱熟茶同样需要存放，只是需要的时间短一些，变化的丰富性低一些。普洱熟茶大致可以分成三个品饮期：第一个品饮期是刚压制好放置后的两三个月内。这个时候的熟茶，堆味重，性燥热，但也有熟茶独特的醇香甘甜，比较适合用来尝鲜，过过嘴瘾。第二个品饮期是三年之后。经过两三年时间的沉淀，熟茶的堆味才能褪得差不多，品质逐渐变得稳定，味道变得香甜醇滑。这个时期的熟茶，可以细细地品味，感受时间赋予的魔力。第三个品饮期是十年。这个时期的茶，进入稳定而缓慢的转化期，茶性温和，滋味醇厚，甘甜可口，饱满丰润，具有一定的养生功效，保健价值高，老少皆宜，是最适宜品饮的时期。

145

以上所说的年份，是以门道茶仓自然转化来衡量的，不同的地区由于气候、温度、湿度的不同，转化速度存在一定的差异，因此口感上会有一定的出入。但一般情况下，为了保证普洱茶地道口感，还是建议保持纯干仓自然转化，这是最稳妥、最好的存储方式。

普洱茶究竟存放多久才好喝，答案在时间里，喝茶的人却是选择时间的人。每个人对茶的口感追求不同，有的人喜欢喝新茶初成时的霸气，有的人喜欢喝存放一段时间呈现出的本真滋味，有的人却对转化熟成后的茶情有独钟，更有些人喜欢尝试各个时期的茶，体会它各个时期的不同滋味。

做茶、存茶、养茶，这是一个以十年为起步的事业，是对心性的磨炼，也是作为普洱茶从业者的修行。好的中期茶来之不易，它是每一个环节坚守者协同作用的结果，需要十几年如一日的坚持。这种坚守需要时刻注意茶仓的环境变化，保障茶仓的安全，防止意外发生。任何一点闪失都有可能让十多年的等待付诸东流。

这种坚持不懈带来的回报，则是一泡让所有人喝了都难忘的普洱。在时间中修行，是普洱茶最大的魅力。

我一直认为，评价一款茶的好坏不是一门玄学，而是有严谨的科学依据、理化基础。做茶亦然，普洱茶的转化是建立在可以遵循的专业技术之上，并非仅仅是时间成就的礼物。早在成立之初，门道就极为重视专业团队的建立和专业数据的梳理。2014 年，在门道成立十余年、门道茶仓的普洱茶逐步进入中期茶的阶段后，我们团队进行了大量的样本分析和数据总结，也探寻出了门道干仓茶的转化密码。

我们审评过不同年份、不同地区存放的普洱茶后发现，普洱茶经过一定时期良好的仓储陈放之后，感官和理化分析两方面都证实了普洱茶风味品质的提高，即普洱茶越陈越香。普洱茶的陈化生香并非指其内含物质绝对量的增加，而是各种物质转化之后达到某种程度的协调与平衡。从感官上来看，滋味变得醇滑生津，回甘增强，口感饱满而不刺激；香气更为丰满柔和，香型更加丰富；汤色愈加明亮，色度加深。

越陈越香是普洱茶最重要也最典型的特征，优质的原料，遵循传统的加工方式，再加上良好的贮藏环境，才能保证普洱茶的良性转化，也才能提升普洱茶的品饮价值和收藏价值。从感官结果来看，如果贮藏条件不同，即使是相同的茶叶，经过相同时间的贮藏陈化处理，它们的感官品质和陈化程度也会有巨大的差异。

时间只是普洱茶陈化的一个影响因素，如果不考虑茶仓的条件，单纯从仓储时间来评判茶叶品质是不科学的，也很难单纯根据茶叶的感官品质来判断和查证普洱茶的陈化年份。现在市场上过度强调普洱茶的年份而忽视茶自身品质、茶仓条件和技术因素是有失偏颇的。

门道茶仓不是随心所欲地将普洱茶搁置存放，而是从源头上把控，从原料选择到拼配加工，均精益求精，之后通过良好的仓储条件和技术使其向品质好的方向发展。根据门道多年积累的材料和数据，我从普洱茶的产地、原料、制作、仓储等角度分析了门道普洱茶转化的秘密（详见附录）。

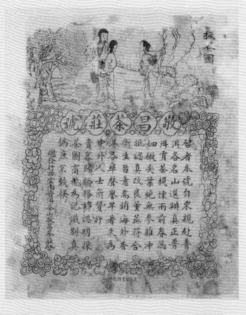

宋聘號普茶政府立案商標

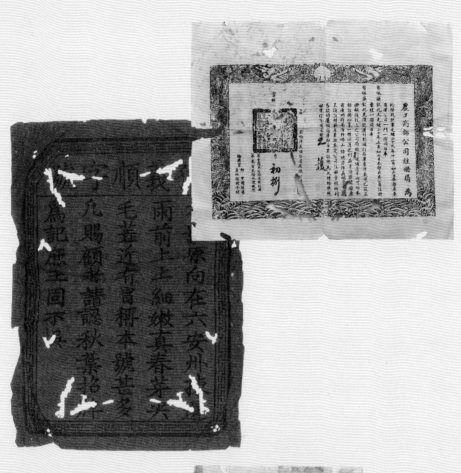

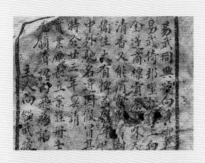

本號選辦
正山細嫩鼎
雨前春尖
茗芽加工
揀造發行
有防假冒
特印為記

興茶莊

中茶牌

商标 注册

云南省下关茶厂出品

宝焰牌

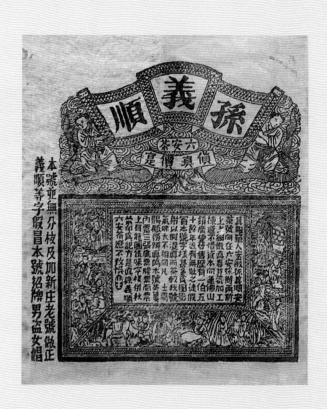

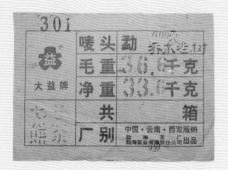

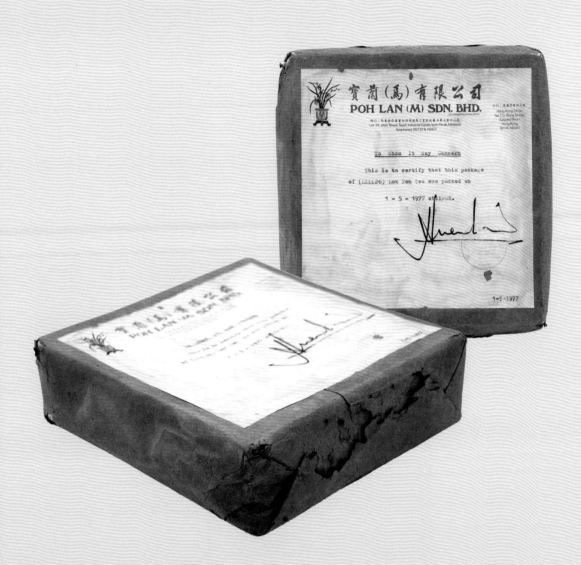

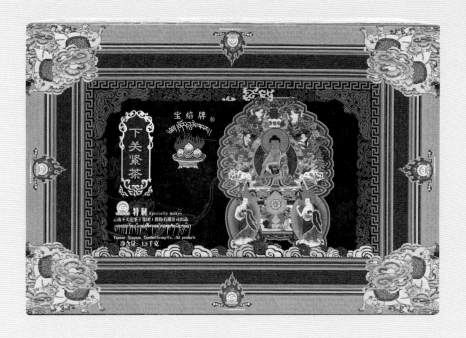

平衡的艺术

第三章

Part

3

The Art of Balance

世间万物，
平衡最美。

参差多态、物种丰富的茶园，
造就了天然洁净的茶。

拼配每一山的韵味，
以最丰饶的能量起跑。

时间，化去霸道，
磨去棱角，调和滋味。

一杯普洱茶，
蕴含着万物的最高法则。

第一节　寻找平衡的滋味

提及云南的气候，大家最熟悉的四个字可能是"四季如春"，其实不然。云南在大的生态系统中，因为地理位置不同，所以拥有不同的独立的小气候系统。比如东北部的曲靖和昭通，属于亚热带季风气候，四季分明，冬冷夏热；而西北部的丽江和迪庆，则是典型的山地立体气候区，从海拔几百米到几千米，十里不同天；至于北回归线以南的西双版纳、普洱南部这些云南普洱茶的重要产区，则属于热带季风雨林气候，全年高温，夏秋多雨，冬春干旱。

地理条件的差异，使不同区域的大叶种茶树各具特色。山势或峻峭或平缓，土壤或棕红色或深褐色，为茶树提供了不同的生长环境，造就了每一山有一山的韵味。即便是同一座山头的茶，也会由于海拔的不同、朝阳还是背阴、周围植被丰富还是单一等因素而在口感和香气上风格迥异。茶的多样性其实是环境多样性、气候多样性的最终体现。

普洱茶主要分布在澜沧江中下游流域，从澜沧江与北回归线交汇处，可以将普洱茶区分为四大板块：西北茶区、西南茶区、东北茶区、东南茶区。其中，西北茶区在澜沧江的滋养下，茶叶内含物质丰富，口感刚硬；西南茶区气候湿润，植被丰茂，非常利于茶树的生长，茶叶多酚类物质较高，苦涩的特点突出；东北茶区海拔高、纬度高，日照充足，在紫外线的作用下，茶叶生物碱合

１７３

成较多，口感偏苦；东南茶区山势平缓，茶树生长环境优良，茶叶内含物质均匀丰富，香气馥郁，口感柔和。

还有一种更简单的分法，那就是沿着澜沧江分为上游、中游和下游，好茶大部分在下游如勐腊、勐海，随着海拔和纬度的降低，茶的个性逐渐消失，变得更为趋同。一般来说，个性突出的适合做普洱茶，茶性趋同稳定的适合做红茶、绿茶。

总体来说，不同茶区，乃至不同山头的茶树都独具特色，以此为原料做成的普洱茶，香气、滋味、口感等方面的表现也都各具特点。从做茶的角度来讲，每一座山、每一种气候下，每一年的茶均不同。每一批的原料相当于交响乐中某种乐器弹奏出的音符，虽特点鲜明，令听者印象深刻，但是如果音符都处在尖锐高亢的音域，合成的曲子是不协调的、不悦耳的，无法达到余音绕梁三日不绝的效果。

当然，有人因喜欢山头的不同个性，而追求纯料山头茶，这也无可厚非。但保存下来的老茶为我们提供了普洱茶的典范样本，从老茶身上找经验的话，它们很少有只以一个山头的茶为原料而生产制作的，基本上是由不同山头不同级别的茶拼配而成。采众山头之长，集韵味于一身，高低相融，春尖之鲜润、谷雨茶之厚重都找到了属于自己的位置，然后在时间的跑道上，方能成为最终的赢家。

可以说，茶山提供了高低不同的音符，茶厂的技艺像是把这些音符谱写成章法有度、流畅悦耳的曲子。谱写的过程便是茶的拼配，是茶厂秘而不宣的配方。

平衡是拼配的技术核心，也是拼配的最终目的。拼配既是平衡各茶区的口感，也是保质保量的应有之义。拼配类似于团队合作，不追求个性的突出，而是能够协同作用，发挥团队最大优势才是目标。在单一区域土壤、气候特征的作用下，茶的个性化很强，而拼配是去个性化的过程，只有这样才能抵抗岁月，成就一款好茶。

我一直认为，能在长跑中赢得冠军的并非是身体某项特质超能者，而是各方面的素质相互协调、相互助力的结果。普洱茶也是一样的道理，拼配就是选用不同山头、不同级别的毛料以合适的比例调配，让口感达到平衡，扬长避短，相互融合，使各方面都达到优良，以提供转化的物质基础。

名厂拥有的不仅仅是精湛的拼配技艺，茶厂的环境气候、作业区间的菌群也发挥着重要的作用。勐海茶厂生产的茶有"勐海味"，下关茶厂生产的茶有独特的"烟香"，这些特征性风味是不可模仿，也不可复制的。技艺可以学习，但非人力能左右的风、水、微生物却难以超越。

即便如此，与普洱茶的相遇依然是一场奇幻之旅，处处有惊喜，时时有意外。它是鲜叶的时候，不同的山头，不同的海拔，背阴或朝阳，乃至周围的植被环境，当年的气候变化，诸多因素造就它或偏苦或偏甜，或味重或淡薄，一切尽在意料之外。做茶的过程更是像变魔术，不同的拼配呈现出变化多样的风味口感，虽细微却影响成茶的品质。至于普洱茶的陈放，也是每一年都在变，今年喝起来口感不佳，等到明年也许就圆润柔滑了，这就是意外之喜。

门道做茶习惯在老茶里寻找样板，尊重每一个山头、每一个村寨茶料的个性，并充分了解其中的区别变化，不断去调整、对比、尝试。名山、名厂、名仓三者合力，一款好的作品才能有基本的保证。门道以此为做茶的理念，从原料到技艺再到仓储，每一个环节都力求尽善尽美。

１７７

图二

一款茶的生产制作环节完成之后，剩下的就交给时间。以岁月之手，塑造出茶的风骨气度，这时能做的，唯有等待。等一场以十年为起点的茶局，等到撬茶开汤，迎接那姗姗来迟的山花烂漫，一叶怒放。

第二节　风里蜜花香

门道的客人中，有人喜欢易武乔木老树饼的茶气饱满、层次丰富，
有人喜欢 20 世纪 90 年代末 "宝焰" 牌紧压沱的滋味浓醇、幽幽
禅意，还有人喜欢 80 年代中期铁饼的刚正霸气、香气悠长。茶
的性格映照着人的性格，偏爱 80 年代中期铁饼的人大多性格正
直爽朗，一身浩然正气。

我多年的茶友李先生是 80 年代中期铁饼的真正拥趸者。他为人刚正磊落、洒脱爽朗。我记得第一次见面，就被他身上不怒自威的气概所折服。他身材高大、声音洪亮，有着北方人的刚毅与豪迈。我们对茶有很多共识，每一次跟他喝 80 年代中期铁饼，都被他身上那种军人特有的乐观豪迈所感染，手中的那杯茶也仿佛有了向上的力量，指引着我在这条茶路上走得更稳、更远。

第一次跟李先生喝 80 年代中期铁饼，他连声说这茶好，说这款茶一身正气。有些茶是迂回的，会一点点征服你，80 年代中期铁饼不是，它非常直接，跟它气场合的人很容易一喝钟情。事实也是如此，门道的茶友中有不少从军经历的客人，他们都很喜欢80 年代中期铁饼，对它的评价也出奇的一致，都认为这款茶茶气足、刚猛，喝完让人有酣畅淋漓之感。

80 年代中期铁饼又称将军饼，来历也很传奇。据说，这款茶由战功赫赫的一位将军所制，当年征战疆场的将军在云南时嗜爱普洱。将军在下关茶厂与老茶师切磋请教，精心选定原料拼配，压制紧实，故名铁饼。

经过三十多年的转化，80 年代中期铁饼自成一格，有如将军驰骋疆场、气势万千，那就是汹涌而至的茶气和连绵不绝的茶香。开汤后，汤色明亮，入口甘甜，纯正中和间，药香隐隐，极为难得。只有优良的茶底与完美的拼配相结合，并在温湿度适宜的自然干仓环境中存放，方能成就这品质卓群，令无数将军竞折腰的铮铮铁饼。

以刚猛见长的 80 年代中期铁饼诞生于云南大理，那是个有着"风花雪月"的浪漫小城。记得第一次去大理，我就喜欢上了这座干净通透的城市，苍山、洱海将其山环水绕，几乎所有的人家都依山傍水，享受着"面朝大海、春暖花开"的惬意。所谓"风花雪月"即下关风、上关花、苍山雪、洱海月，组成了大理象征性的标签。在喝下关沱茶的时候，细细品味着茶汤中细腻的蜜花香气，我明白了这种香气的由来：大理不分昼夜的风声与苍山的雪水蕴藏着茶香的秘密。

无可替代的特殊地理位置，使得大理自唐宋以来一直是整合云南茶文化的重要基地。云南普洱茶文化的最初形成与后来的整合发展，无论在器物形态上还是在精神文化形态上，大理都是一个非常关键的地方。历史上的大理不仅是云南的茶文化中心，还是茶种的起源地之一，也是云南较早栽培和利用茶叶的地方。清代中后期至民国年间，大理下关更是一跃成为西南最大的茶叶交易集散地以及茶叶的生产加工地。

光绪元年（1875 年）喜洲的"永兴祥"创建，1903 年经增资扩股后改名为"永昌祥"，总号迁至下关并创制沱茶，下关沱茶由此诞生，最终形成了如今普洱茶在形态上砖、饼、沱三足鼎立的态势。光绪三十四年（1908 年），永昌祥商号在下关开设了第一家以茶叶精制加工为主的茶叶精制厂。

下关沱茶的创制，不仅进一步奠定了大理成为重要茶叶集散地的地位，而且重塑了大理在云南茶文化中的地位。一时间在下关这块狭窄的地方，涌现出来诸如永昌祥、洪兴祥、复义和等数十家商号和茶叶精制厂。精制厂的涌现提升了沱茶的制作技艺，也吸引了大批原料涌入大理，二者相辅相成，造就了下关茶卓尔不群的品质。

2003 年，我在云南昆明认识了下关茶厂的掌舵人罗乃炘，人称"沱爷"，他大半辈子的时光都辗转在沱茶世界。初次见面，听他讲茶、讲拼配工艺、讲传承。他说沱茶代表着当地白族人对茶的神圣理解，他们用一百多年来的经验在做茶，最终耗费几代人的心血，才在当地造物主的恩赐下，获得了下关茶独有的蜜花香和烟香方——因为这种香气只有在大理这块神奇的土地上才能形成，所以成为他们做茶的信仰。

下关茶依赖于当地非常独特显著的地理、气候条件，下关的雪水滋润着制茶原料，赋予其最原始的芬芳；下关的风使原料干得很快、干得很透，令这股蜜花香保存得更加完好。而下关茶烟香的来历也颇为传奇，所谓烟香其实是太阳味的转化。茶叶杀青后需经日晒干燥，在强烈的紫外线照射下毛茶便有一股太阳味。在相对低温干燥的环境中存放两三年，太阳味就转化成了烟香。奇怪的是，同样的原料放在西双版纳、普洱，就没有这种味道。正是

图三

182

下关常年有风、空气干燥，加上独特的菌群环境，造就出了下关茶的烟香。

在考察过大理的地理环境，品饮过茶厂的经典沱茶之后，我决定把产品重心调整到更符合门道需求的百年下关茶厂，在此做门道的高端定制产品。

此外，选择下关茶厂还有一个重要的原因。下关的茶压得紧，这样可以使茶内质充分溢出，相互紧粘，锁住茶的鲜香，保持口感的力度。这也意味着，茶品的转化需要更长的时间。但这种等待是值得的，经过十几年、二十几年的转化，不但依然能感受到茶的青春活力，而且能体会到茶喷涌而出的茶气。其中，20世纪80年代中期的铁饼便是典型的代表，这是我非常喜欢的一款茶。

我被下关茶厂的精神深深打动，但也有着自己的坚守，希望能借助下关的百年工艺做出门道味道。事实证明，这种味道不但能够做得出来，而且与下关鲜明的特色相得益彰。门道在下关的定制茶从2004年开始，相继推出了2006宝焰礼茶、乔木老树系列、生态沱、古道系列等重磅产品，每一款定制的产品都成了经典之作。

2007年，门道在下关茶厂定制了出口英国的生态沱，原料选自普洱茶的代表性茶区，延续了下关传统制作工艺和拼配技术，达到了欧盟检测标准。这批茶一部分出口到了英国、法国等国家，另一部分留在了门道，几乎没有在国内市场流通。

这两年，门道定期检测时，惊喜地发现生态沱转化良好。沱茶圆润饱满，条索紧结完整。茶汤橙红透亮，茶香清醇悠扬。入口无苦涩感，香气饱满，回甘迅速，茶气强。茶味持久，茶韵悠长，内质丰富，清香怡人。

183

古道系列是门道在下关茶厂定制的另一款产品，以下关特级茶青为原料，由传统工艺压制而成，茶饼圆润饱满，条索紧结；干茶闻起来有淡淡的烟香和清香；茶汤入喉顺滑，苦涩度低，回甘猛烈，香气饱满，茶气足。

在下关茶厂定制门道的产品，其实我们是做了一次尝试，那就是结合上中下游、四大产区的特点来做产品。比如易武的茶偏内敛，而下关的环境气候能够激发它的香气，整个茶就会有一种上扬的香气；用澜沧江下游的料，参照勐海的拼配方法，结合下关的工艺和气候，做出的茶更和谐、更平衡，有百花香与冰糖香，茶的层次和口感非常丰富。

第三节　爱是起点和终点

我一直很喜欢国际知名设计师周仰杰（Jimmy Choo）设计的鞋，觉得他设计的鞋像艺术品，典雅而高贵。让我没有想到的是，机缘巧合下我们能够相识，并成为朋友。有一次我去马来西亚，在陈景岗的介绍下，与周先生在他的工作室见面，喝茶聊天，我们一见如故。

周先生是华侨，父母是广东人，在他小时候，一家人在槟城经营一家鞋作坊。周先生的父亲很有远见，注重教育，把十多岁的他送去了英国留学。周先生毕业后在英国以设计鞋履起家，戴安娜王妃非常喜欢他设计的鞋，是他的忠实顾客。周先生以设计漂亮、优雅的鞋子而闻名，也是唯一一位在国际时尚界拥有以自己英文名字为品牌的华裔人士。

周先生生于马来西亚，在英国完成学习后创立了自己的品牌。他具有广阔的国际视野，然而在骨子里，中国的传统文化对他有非常深的影响。他喜欢道家文化，平日练气功，热衷于喝茶。我拜访周先生时，我们一边喝茶，一边聊时尚、聊设计、聊普洱茶。我问他从事设计这么多年，成功的秘诀是什么。周先生不假思索回答我，是爱。他热爱他做的事情，他喜欢设计，所以才走了这么久，走了这么远。还有一个因素是坚持，他认为做任何事情都要坚持和忍耐，如果没有坚持就不会成功。

图四

那天，我们喝的是2003年的乔木老树，周先生喝了很喜欢，也很感动，他说他喝到了大自然的气息，也在茶里喝到了爱与坚守。周先生非常热爱大自然，他说大自然是他很多作品的灵感来源，一花一树一草一木，皆可入设计。也难怪他那么爱茶，茶是大自然赐予人类最好的礼物。

周先生的话令我感动之余也感同身受，其实世上的很多事情都是相通的，无论做任何事情，只有热爱才能投注自己的心血，只有坚持才能在一条路上矢志不渝地做到极致。他对我做的普洱茶是饱含期许的，他认为能量足、底蕴厚的普洱茶是一种能够走向国际的茶。出于对彼此的认同，我们做了很多约定，比如设计与普洱茶的跨界合作，周先生的云南茶山之旅，等等。我期待着这些约定能落地实现，也盼望着能够与周先生一起在云南的古茶园寻找设计与做茶的灵感。

我跟爱茶的朋友品茶，总喜欢在喝茶的空当与他们聊做茶的过程，因为爱茶到了一定境界，绝对是关乎它的制作细节的。茶可以说是我追求美好生活的一个动力，没有这种动力，我是不会快乐的。特别是对做茶的人来说，没有这个动力，是没办法好好去品茶的，也是做不好茶的。

185

记得最初步入茶的世界，我谨记做茶当如做人，只有人做好了，茶才能做好，坚信人的态度决定着茶的高度，在做茶这件事上丝毫不敢马虎。这是我做茶的起点，也成为此后做茶的座右铭，并毫不动摇地坚持到今天。门道创立之初，我们就秉承爱茶、做好茶的理念，这一理念其实就是我们的初心。

从佛家的角度来讲，茶是有慈悲心的，它是只讲奉献的植物。所以不能辜负它，要与所有的好朋友分享好茶。那么好茶的标准是什么？一是喝了会让人感觉舒服，二是喝了心情愉悦，会爱上茶。对我来说，客人如果喝了我的茶，会舒心一笑，那这就是一种表扬和肯定。

图五

在做茶的过程中，我遇到过同道中人。2004年参加茶会，一个偶然的契机认识了一位同样在做茶的女士。短暂的交谈，我们发现彼此十分契合，对茶有着相同的理解。很快，我们成为无话不谈的朋友，并分享起做茶的苦与乐。她告诉我，做茶是一件让她特别开心的事，虽然没有赚到多少钱，但通过做茶找到了自我价值，还把这份快乐和健康带给了身边的人。她的话令我感触颇深。在开发乔木老树茶时，拼配过程中，我们很多次的尝试都以失败告终。但没有一个人说要放弃，因为团队中的人跟我一样，始终想做出一款真正的好产品。因为只有把产品做出来，我们的理念才能得以体现，我们对茶的热爱才能得以转化。

虽然对于一款产品而言，市场随时都处在变化之中，谁能更快上市，谁能抢占热点，谁能卖得价格更高，似乎看起来就更占优势。但是，我心里清楚，普洱茶是种离不开市场，又必须超越市场的存在，尤其是普洱老茶。所以，不必着急，也不能着急，有品质的产品，是需要时间来沉淀的。

门道花了二十多年的时间来验证我们做的产品，我们整个团队每年每月甚至每天都在做对比，研究茶的变化，反过来推测茶的配方，无数次的推翻重来，无数次的峰回路转，才诞生了以乔木老树为代表的诸多门道普洱茶。

做一款好茶，是一场没有回头路的勇敢冒险。后来，易武正山古树茶的成本已经达到每千克几千至几万元，我们真的是不计成本来做这样一款好茶。产品完成之后，一些朋友给我出主意，为了这个产品更好地卖出去你需要进行炒作，我对这样的玩笑话一笑置之。普洱茶的特别之处在于，产品是人的代言，人是无法为产品代言的。只有经得起时间的考验，茶才能代表人说话，反之则是本末倒置。

187

我并不希望很多人知晓我的名字，我希望在茶行业里大家能了解门道茶仓出仓的产品，在茶面前，一个人的名字太微不足道了。我愿意藏在茶的后面，守护着茶，等待着茶，也陪伴着茶。

2003 年的乔木老树经过十七年的仓储，很多同行喝完之后给我打电话，说找到了该怎么做茶的感觉。一个朋友喝过乔木老树后不由感叹："这个茶香得不同凡响，我从来没有喝过这么好喝的茶。我不是个懂茶的人，但喝完这个茶前所未有地被打动，喝到想流泪。"听了这番话，我知道门道的坚持是值得的，我们的努力时隔多年，终于有了回响。

茶路漫漫，以爱引航，终能抵达彼岸。我这一生的心愿就是为自己为他人做一杯好茶，而门道的理念则是秉承自然之道，尊重茶，尊重时间，唯有如此才能获得时空赐予的礼物——一杯好茶。

第四节　微生物造就的风味

纪录片《舌尖上的中国》曾这样评论中国人："在吃的法则里，风味重于一切。中国人从来没有把自己束缚在一张乏味的食品清单上。人们怀着对食物的理解，在不断的尝试中寻求着转化的灵感。"所谓转化的灵感，指的正是发酵，中国人的食物法则里，发酵是风味转化的起点。

同样，茶的世界也不例外，发酵的程度是茶的类别基础，简单来讲，中国茶不过只有不发酵茶、半发酵茶、全发酵茶三种，其后才又细分为绿茶、白茶、黄茶等六大茶类。

早在"微生物"一词开始出现时，中国人就已经开始了微生物在食品上的运用。在我们日常所使用的酱料中，酱、醋的制作都与发酵有关。我们的祖先早就发现了发酵可以提升食物的味道、延长其储存时间，继而创造出一系列的发酵食品如包子、馒头、酒、臭豆腐、腐乳、酸菜等，这些食品极大地丰富着中国人的日常生活，并且成为不朽的中华饮食文化。

发酵，就是微生物在适宜的条件下，将原料经过特定的代谢途径转化为人类所需要的产物的过程。常温常压条件下，通过一定的步骤帮助好菌生长、抑制杂菌生成，即可得到良好的发酵效果。按发酵形式来说，有固态发酵和液体深层发酵，普洱茶的发酵属于固态发酵。

凡是发酵食品都有自己的一套发酵体系，普洱茶也一样。普洱茶的发酵过程可分为三大部分：初级发酵、准发酵及后续发酵。

初级发酵：普洱茶的初级发酵在晒青毛茶制作过程中可以实现，在具有微生物群落的特殊环境中，通过晒青完成微生物菌群与茶叶的自然接种。因具有微生物菌群的干预，加上晒青过程对茶青有较大改变，因此被称为初级发酵。

准发酵：准发酵包括两个部分即自然发酵和人工发酵，前者为普洱生茶自然陈化的过程，后者为普洱熟茶的制作工艺。自然发酵又称第一代发酵技术，是利用传统工艺将晒青毛茶经过蒸压成形，从而实现普洱生茶发酵过程中微生物有氧菌与厌氧菌的转换，是至关重要的环节。人工发酵指现代发明的新工艺，即将晒青毛茶堆放成一定高度后洒水，上覆麻布，置放在一定温度、湿度下进行发酵，这样做是为了加速陈化，对渥堆技术的把握是决定普洱熟茶品质的关键。

后续发酵：是普洱茶在紧压成团、饼、沱、砖等形态后的品质再造，也是固态发酵的最后一个过程。在此过程中，在微生物新陈代谢所产生的酶的作用下转化形成新物质，而微生物代谢的产物则成为普洱茶养生物质的来源。

无论生茶、熟茶，这三种发酵都伴随着它们的整个生命周期，只是生茶的转化需要更长的周期。在马来西亚，有"爷爷制茶、孙子卖茶"的说法，也有"藏生茶、喝老茶"的做法，归结为一点，都是在强调老茶是时间缔造的作品。

普洱茶的保健作用是通过微生物参与转化所形成的，也就是说普洱茶是发酵的产物，离不开微生物的参与。其实，就普洱茶的发酵而言，从鲜叶采摘之后，发酵的过程就开始了。而对于微生物来说，在普洱茶发酵前甚至茶叶采摘前，它就已经存在，并且不同的微生物群落分工有序。

在普洱茶的故乡云南，存在着大量的微生物群。微生物的多样性，帮助树木抵御着外部各种病虫害的侵袭，并将营养输入其中。微生物独特的代谢方式，如自养细菌的化能合成作用、厌氧生活等各种能力，足以抵抗热、冷、酸、碱等极端环境的侵蚀，为云南乔木大叶种茶树提供了坚实的物质基础。

一直以来，普洱茶的安全问题备受关注，尤其是针对普洱茶中的菌群究竟是有益菌还是有害菌的争论。众所周知，普洱茶后期的发酵非常复杂。在酸性环境下，茶叶中的多酚类物质会抑制有害菌的生长，因此普洱茶所产生的菌多数是有益菌。目前来说，只要是采摘无农药残留鲜叶制作且生产工艺合格的普洱茶，至今还尚未发现有害菌。在后续的存储过程中，干仓自然陈放的普洱茶同样不存在有害菌。

目前，还无法完全了解参与普洱茶发酵的微生物菌群到底有多少。云南各地普洱茶所表现的不同风味，除了各地品种、鲜叶原料存在微小的差别外，更多是微生物菌群的差异所造成的。可以肯定的是，在黑曲霉、酵母菌等这些优势菌群不同阶段的作用下，最终形成了普洱茶厂家不同风味的普洱茶，也才造就了云南"一山一味"的说法。而正是因为这种自然接种的方式，普洱茶才只能在云南地区生产与加工。

在这些微生物的作用下，蛋白质和氨基酸能够顺利地分解、降解，加之各产物之间的聚合、缩合等一系列反应，最终使得色泽黄绿、滋味苦涩的晒青毛茶，摇身一变，成为色泽红褐、滋味回甘、香气陈醇的普洱茶。

看不见的微生物还赐予了普洱茶独特的内涵，那就是漫长时间成就的绝代芳华。以鲜爽清冽见长的绿茶最佳品饮期长则半年短则三个月，一过季鲜美难寻。发酵过半的乌龙茶一旦变身为老铁、老岩茶，便意味着其花果香消失殆尽。而完全发酵的红茶陈放个三年同样会丧失它最初的薯香蜜韵。而粗枝大叶、初尝苦涩的普洱茶却历久弥新，改变了最初的样貌。经过微生物菌群的噬咬、分解、转化，一饼茶变得乌黑油润，格外厚重，故宫存放了两百多年的金瓜贡茶依然筋骨硬朗，目前能喝到的号级茶条索纹理清晰、叶脉中烙印着茶花的芬芳。

以微生物之功造就了普洱大美，乃自然美学、时间美学的双重变奏，人所能做的却极其有限。高大苍劲之乔木古树，遇上渺小细微之菌群，构成了一幅初看不起眼，却终在岁月中回响的佳作。

生活的美学

第四章

Part

4

Aesthetics of Life

这是时间之手创造的艺术。

其中有我们对美的倾慕，
对极致的崇拜，对永恒的呼唤。

普洱茶，是等待的哲学。

而在等待中忘记时间，
才能观照茶魂，破掉我执。

第一节　浮生梦欺茶不欺

普洱茶与其他任何一种茶都不一样，它不似绿茶的鲜爽，也不似乌龙茶的高香，而是以醇厚做底，层次多样。看一款茶，就像看一个人的长相，初见普洱，便觉得厚重。一块厚厚的茶饼，拿在手里，格外有分量，需要寻找合适的角度，以茶针撬开，才能看到它的内在。每一饼茶，每一沱茶，每一块茶砖，都是无声的历史见证者。看着它，你可以想象它经历了怎样的"茶生"。

一泡滚烫的水入茶壶，出汤是干净的酡红。茶汤入喉，柔滑而带有一丝甘甜，诸多滋味在唇齿间回荡，好普洱是能让人一整天喉咙都是润的，喝什么都觉得带有甘甜余味。

我说的是好的普洱茶，什么才是好茶，却仁者见仁智者见智，市面上有不同的标准。依我看来，好茶的唯一标准是身体的直接感受。茶永远是诚实的，"诚不欺我"。我的一些朋友跟我说见识过二十多年的所谓老茶，看起来茶饼确实有些年头，但泡开来喝，味道并不如想象的完美。如何少交学费，我的答案是不要听故事，也不要被表象所迷惑，仔细聆听身体给出的信号。

当然，好的普洱茶必须具备一些基本的素质。比如从外形上来辨别，好的普洱茶色泽油润，匀整端正，松紧适度，条索整齐，茶叶棕褐、黑褐色，不能有霉点、霉斑。开汤之后，茶的香气虽会因存放时间长而有陈香、樟香、枣香、糯香、药香等不同香型，但无论是哪一种，都要清香宜人、无刺鼻味。再看汤色，好的茶汤色如琥珀，澄澈剔透，不能色暗浑浊。最重要的是茶汤喝起来口感醇和柔滑，回甘明显，入喉舒服，绝不能有异味和刺激性。

除了茶汤的口感，前几项评判均为茶的表象。茶的条索虽然能够看出茶的品质之一二，但只能作为参考要素，而非决定性因素。易武的茶跟其他茶区相比，条索并不肥厚，但韵味十足。至于茶的颜色及冲泡后茶汤的颜色，人为作用下可以让其在短时间内变化，因此这两者也不能作为判断茶的品质和年份的标准。

一款茶好不好，身体的反应最为直接。从体感上来讲，好的普洱茶口感甘、润、柔滑，茶气充足，有如力抵脊背之强劲。

"谁谓茶苦，其甘如荠"，好茶一定是有回甘的，"年来病懒百不堪，未废饮食求芳甘"，人们对茶之回甘的诉求自古有之，并绵延至今。喉咙中的那一缕甘甜是茶的魅力之一。

甘不是甜，甜太直接太霸道了，甘是含蓄而内敛的，也不似香气那般幽怨缥缈。苦尽甘来，先有一丝口腔能容受的苦，才有后面激荡而来的甘。都说老曼峨的茶苦到惨绝人寰，苦出眼泪，但在最后也会品尝到一点甘甜。老茶是经漫长岁月转化得来，好的普洱老茶，喝到嘴里没有一点苦涩味，而那微微的回甘格外持久。

卢仝的《七碗茶歌》里写道："一碗喉吻润，二碗破孤闷。"说起来，人们饮茶的第一目的便是滋润口腔、温润喉头。这不单单是为了解渴，而是安抚焦躁的身体，唤醒沉闷的灵魂。身处现代生活的繁杂，若能喝一泡上佳的普洱好茶，身心都会立即得到滋润。这种"润"感，既给人以依傍，又赐人以生机，使人安稳踏实，心神俱安。

图一

碧山深處絕纖埃，面面軒窗
對水開。穀雨初來個過茶事
好鼎湯初沸有明來
春清辛卯山中茶事方盛
陸子傳過訪惹汲泉煮
而品之其一段佳話也
　　御題

图二

228

好茶之所以给人柔润之感，是茶与水相融后合二为一，变身为养分丰富的茶汤。一款中期茶意味着十年以上时光的雕琢，一些物质悄然分解，一些物质暗暗生成。而冲泡之后，水浸出物比例提升，水溶性物质更为细致，茶汤的表现便是更加黏稠，入口更加浸润。

在中国传统的健康观念里，唾液是"延寿浆"，现代医学研究表明，人类的唾液中含有多种有益身体的成分，其在促进消化、提高养分吸收方面功不可没。而只有健康的身体，才拥有自然生津的能力。好的普洱茶能够刺激口腔分泌大量的唾液，舌下生津，舌底鸣泉，滋润口腔，并带来愉悦和健康。好的普洱茶温柔敦厚，滑若无物，经过长久陈化，茶汤甚至入口即化，毫无滞涩之感。

滑既是一种柔和的口感，又是茶汤本身极为细腻的表现。水性滑是普洱老茶的一大特色，让人喝起来口感亲切，很好接纳。普洱茶陈放时间越长，其滑的特点也便越为优异，最后达到化的境界。

普洱茶的"化"，可意会却不可言传，它与酒的"化"不同，酒是在身体里更快地释放分解，而茶更为柔和宁静，饮之神志清明、身心愉悦。"化"的另一种表达方式是活，即便是陈放半个世纪以上，好的普洱茶依然有生命力，喝过后印象深刻，令人感叹老茶的无限生机。

好茶是能够让品饮者感受到其独特韵味的，韵是普洱茶的最高境界。茶无韵则薄，茶有韵则厚。喝完一泡茶，茶的韵味长时间停留在口腔里、喉咙里，乃至身体里，不绝如缕，动人心弦。

茶气的强弱，身体会有明显的感知。一道茶喝下去，能感受到一股充沛的力量在体内游走，从胸腔升起，在后背发散，或莽撞或

图三　佚名·烹茶图

图四　佚名·煮茶图（局部）

图三

230

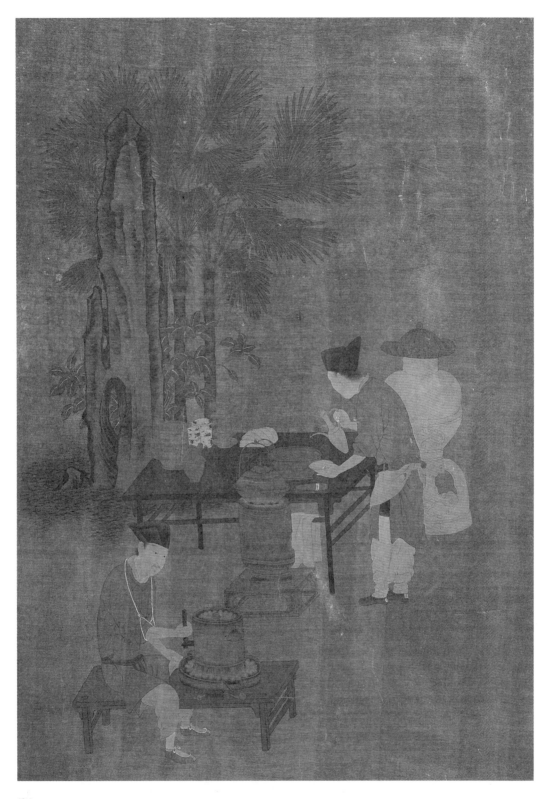

图四

231

柔顺，不一样的茶，茶气也不一样。但好茶都会有背脊发汗的直观反应，喝茶喝到身体通透、大汗淋漓，那说明你遇到了茶气劲足的好茶。

第二节　唤醒茶的第三次生命

宋徽宗赵佶在《大观茶论》中写道："茶之为物……冲淡闲洁，韵高致静。"由此可见，品茶的意义早就超出了它的本身味道，它需要一道仪式，是拿起，也是放下，拿起壶，放下尘世的喧嚣。

冈仓天心在《茶之书》中写道："茶道，是在日常繁杂庸常之间，因由对美的倾慕而建立起来的心灵仪式。"本质上，茶道是对残缺的崇拜，是在我们明知不可能完美的生命中，为了成就某种可能的完美，所进行的温柔试探。茶是有生命的，以茶为道场，是对每一次相逢的珍重。

我认为，茶有三次生命。第一次是它的出生，生长在海拔、气候、土壤、山的阴面阳面等不同的环境中，决定了它第一次生命的特质；第二次是制茶的工艺，生产过程、制茶师的水平、仓储条件等决定了茶的成色；第三次则是在泡茶人的手中，你如何对待眼前的一泡茶，它将会回馈给你不同的风格滋味。泡茶是以茶为基础，以水为介质，感受山川河流的气息，是一场美的连锁反应。手中的茶器，铺设的茶席，乃至整个茶空间，都在为唤醒茶的第三次生命而共同助力。

同样一款普洱茶，在不同人的手中，在不同的环境下，会有云泥之别的呈现。门道有几十个工作人员，每个人都会泡茶，但泡出来的茶汤各有千秋。来门道喝过茶的朋友，往往被茶师小林泡的茶的味道所征服，把同样的茶带回去自己泡，则是另一番滋味。小林是泡了十几年普洱茶的茶师，经手的老茶不计其数，一般的泡茶人自然不可与她同日而语。

如果说茶道是一种艺术，泡茶的技艺则决定着艺术水平的高下，技术、细节、泡茶人的情感，是普洱茶冲泡艺术的三要素。

泡好一道普洱茶，本质而言是一门技术活。任何一款茶的冲泡都需要技术作为基础，单就普洱茶来说，现在有各种冲泡流派，各流派也各有所长，没有优劣之分，只看是否合适你手中的那款茶。

如何看是否合适，其实是熟练度的运用。只有泡的茶多了、喝的茶多了、见识的茶多了，才会了解茶性，根据茶的特点、投茶量来选择壶及冲泡手法。熟练度的掌握没有捷径可寻，只有通过大量的练习，才能达到见茶泡茶、运用自如的地步。

很多人会有钟爱的普洱茶，一种或几种，我见过对沱茶情有独钟的茶友，也见过非乔木老树茶不喝的茶客，也有在88青、乔木老树、下关沱茶中流连的博爱派。无论是哪一种，日常面对的不过是几种茶，可以从一款茶练起，多次尝试，摸准茶的特点，那么很快就能泡出属于自己风格的茶汤。

想要泡好普洱茶，不可忽视的是泡茶的细节。茶汤讲究的是平衡感，是诸多细节的综合体现。细节不仅仅指冲泡技术，同时也包括选用的水、茶具、醒茶的程度、当下的天气、所处的环境等各种因素。这里的每一项细节又包含着若干小细节，每一项都不可小觑。比如，在广州、云南、北京三地泡茶，因气候环境不同，醒茶的时间、茶器的选择、水温的把控等都需因地制宜。

细节决定了茶汤的口感，细节是茶汤的不确定因素。既然是为了达到完美所进行的一次温柔试探，那就需要不断精进泡茶的技艺，并注重每一个细节因素。

泡茶是非常快乐的事，当感觉到技术上有所提升或细节上的小瑕疵获得弥补时，心情就会格外愉悦。泡茶是"山重水复疑无路，柳暗花明又一村"，虽然难免会遇到瓶颈，但是突破之后又会豁然开朗，这也是泡普洱茶的乐趣之一。

那是不是说只要泡茶技术达到一定的熟练度，并注意到了泡茶相关的各种细节，就意味着泡茶达到臻境了呢？答案并非如此，泡茶不是冷冰冰的遵循某种仪轨和程式，而是要对眼前的这杯茶充满感情。

所谓"一期一会"，是今生只有一次，应当珍重珍惜之意。与其他茶相比，普洱茶的第三次生命尤为来之不易。暂且不说它生长于雨林之中，有些树龄达几百年甚至上千年，单是它经过十年以上的仓储陈化方能呈现美妙滋味已是非其他茶类可比。漫长的陈化周期，辗转于原产地、海外、珠江之畔三地的茶仓，只是为了接近味觉的完美，普洱茶蕴含着茶道的本义。

既是道，便有灵魂、有思想、有情感。所以，一道茶，饱含着泡茶人的思想情感，如果泡茶人没有情感传达，茶的生命也不会被唤醒。

没有灵魂的投射艺术便不再是艺术，鲁迅先生曾说过：画家所画的，雕塑家所雕塑的，表面上是一张画、一个雕塑，其实是他的思想和人格的表现。为什么那些伟大的画作有感染力，其实是除了高超的画技之外，传达出了画家对生命的思考和热爱。

图五

图六

泡茶同样如此，不仅仅是把茶叶中的浸出物释放出来，同时更体现着泡茶者的心境和情感。

每次品茶，知茶者总是会说汤感如何，汤感既是茶汤在口腔中回荡迂回时的滋味、黏稠度、柔滑度、粗糙细腻度等直观感受，又是指茶汤的主观直觉，是非常感性的认识。

人如其茶，年轻人泡的茶汤感张扬，年长者泡的茶汤感厚重；男人泡的茶汤感刚烈，女人泡的茶更为温柔。不同的年龄、性格，不同的心境下泡茶，都会是不一样的茶汤。就算是同一个人，心情不同，泡出来的茶也会不同。

当茶来到你的手中，虽然意味着第三次生命的绽放，但是也意味着生命的最终凋零。而泡茶人所能做的，就是给它最美好的呈现。

茶是有生命的，它跟所有伟大的艺术一样，既考验创造者的技艺，又是创造者心境、阅历、情感的载体。它也如伟大的艺术一样，到达一定境界，才会有感染力，让品饮者感受到愉悦、力量、生机与活力，引人共鸣，甚至潸然泪下。

普洱茶的冲泡既是物质的，又是精神的；既是理性的，又是感性的。想要达到普洱茶冲泡艺术的巅峰，就跟练绝世武功一样，层层进阶，终能无招胜有招，以致出神入化。

唤醒茶的第三次生命，何尝不是一场伟大的艺术创作呢？生活或许残缺，一次又一次温柔的试探，可抵达美好，虽终将凋零，却是另一种不朽。

237

第三节　一水一壶皆是道

"水为茶之母，器为茶之父"，真正爱茶的人，会选合适的水、相宜的茶器来泡茶。对待茶，我们需要一点敬畏之心，需要一份仪式感。有一次我在马来西亚出差，在拿督李的家里跟几位华侨喝茶。我们聊起泡 2003 易武乔木老树饼的经验，我告诉他们上次带回去的茶喝起来有点涩，他们最直接的反应是问我用什么水泡的，我回答是火山岩矿泉水，他们分析是水不行，推荐我试试马来西亚的怡宝。以上场景，喝茶这么多年时有发生。当一个人爱上茶，不知不觉会爱上水，爱上茶器，爱上茶席，爱上跟茶有关的一切。

纪录片《茶，一片树叶的故事》开篇即说：一片树叶，落入水中，改变了水的味道，从此有了茶。茶和水的关系，如此简单又如此复杂。水赋予了一片树叶生命的底蕴，水拓展了一片树叶生命的宽度，最终，这片树叶还要在水中复活。水为茶之母，讲的是好水配好茶的泡茶之道。

自从有了茶，古代的爱茶之人对泡茶之水就格外讲究，一些人甚至跑遍大江南北，翻山越岭去寻找适合泡茶的好水。早在唐代，陆羽就在《茶经》里写出"山水上，江水次，井水下"的用水主张。到了宋代，宋徽宗在《大观茶论》中也有"但当取山泉水之清洁者。其次，则井水之常汲者为可用"的说法。

到了明清时期，茶道进一步发展，人们对水也有了更深的研究。张大复《梅花草堂笔谈》的总结非常精辟："茶性必发于水，八分之茶，遇水十分，茶亦十分矣。八分之水，试茶十分，茶只八分耳。"

读过《红楼梦》的人都知道，在第四十一回中，妙玉分别用"旧年蠲的雨水"和"梅花上的雪水"招待了贾母和宝玉等人，对水的选择是用到了极致。而清乾隆皇帝这个茶痴，每次出巡都带着一只特制的银斗，专门用来精量各地泉水。在他量过的泉水中，以北京玉泉山的密度最小，被他评为"天下第一泉"。

从古人的记载可以得出天然好水的特征，即源活、味甘、品轻、质清。现在有更科学的数据来评定这些标准，如酸碱度、矿物质含量等。总而言之，茶遇到好水，茶性发挥得更透彻，泡出的茶也更好喝。从始至终，水都默默眷顾着这片树叶。水参与了一片树叶的一生，水哺育了茶、塑造了茶、唤醒了茶，最终圆满了茶。

喝茶这件事，不同的人有不同的理由。有的人因迷恋茶的味道而喝茶，有的人为了让生活健康一点而喝茶，也有人是因为先喜欢上了精美的茶器，而后才入了茶的门道，马来西亚的好友陈景岗便是如此。

小时候的景岗，放学后经常去家里的茶行玩，吸引他的不是茶，而是茶行里的紫砂壶。他觉得那些壶形制各异，颇具美感。他成长的年代，正是由大壶豪饮向小壶慢品的过渡时期，当时年轻人学茶的风气很盛。景岗便从对茶器的喜爱开始，为了养壶而买了很多茶，泡茶养壶，一步步深入，迷上了茶。后来认识很多茶界的朋友，系统地学习怎么泡怎么喝，由壶入茶。景岗从中国留学回到马来西亚，恰逢海鸥集团收购了一间茶行，他的父亲陈凯希先生知道他喜欢茶，就把茶行的生意交给他来做。回头来看，他如果不是少年时期被精美的紫砂壶吸引，可能会错过茶，也就可能不会有"大马仓"的横空出世。

在马来西亚华侨家里喝茶，基本都是用紫砂壶冲泡，以功夫茶的方式出汤分茶，别有一番滋味。无论是家里的茶室还是外面的茶行，都摆放着很多把老的紫砂壶，老茶与老壶相得益彰。

紫砂壶具有"透气不透水"的特点，特别适合泡普洱茶。明代的文震亨曾在《长物志》中盛赞紫砂壶，"盖既不夺香，又无熟汤气"。这是因为紫砂材质特殊，它是不需要添加其他矿物质而能独立成陶的陶土，本身具有黏结度和可塑性，是非常特别的一种土。烧制成壶，具有双重气孔结构，透气不透水，有类似海绵的吸附性。经常泡茶的壶，就是不放茶叶，浸润后的水也有茶香。

紫砂壶兴于明清，带着泥土的光芒，象征着君子的隐而不争。紫砂的颜色和形态是低调而隐忍的，非常含蓄、内敛，有无限的创造余地，紫砂器皿属于低调的高贵。"人间珠玉安足取，岂如阳羡溪头一丸土"，紫砂壶被誉为"名陶名器，天下无相"，是当之无愧的茶器之首。紫砂壶的美，跟老茶一样，需要时间来验证，急不得，躁不得。

事实上，我们对紫砂壶的喜爱，跟对老茶一样，并非出于一见钟情，它们都不以外在取胜。老茶喝的是气韵、是内质，欣赏紫砂壶赏的是泡养后的温润，是被浸润后柔软的光泽。

在用紫砂壶泡茶的过程中，紫砂壶激发了茶的香气，使茶以最佳的状态完成了最后的绽放和谢幕。茶也反过来滋养了壶，以自己的热烈一次次拥抱、抚摩、滋润它。时间越长，紫砂壶越发光亮，凝练出了独属于时光的质感。

茶与紫砂壶互相成就，这种神奇的缘分，似是早已注定。对普洱茶来说尤其如此，它们都是时间成就的芳华。

我们为一款茶选择一把紫砂壶，或一种茶最终被某把紫砂壶所征服，这也是紫砂壶的魅力所在。一壶事一茶，从一而终，忠贞不

图七

241

渝。这是茶与壶的恋歌，无比动人。

茶与壶的连接是纯粹的，或是茶折服于这把壶的实用性，或是茶更青睐于与一把壶互相成全的过程，更或是认定一种味道而排他的洁癖，这种认定和忠贞十分美好，像极了人间流传的爱情传说。

茶与器，是天平的两端，缺了谁都无法实现美妙的平衡。对于茶器来说，缺少了茶的滋润，就缺少了灵魂的注入，它只能供人把玩而毫无灵气。对茶而言，如果没有茶器的衬托，只有赤裸裸的呈现，就会少了美感、缺了风姿。

茶、水、器、人，四者从来都是相守相依，不可分离的。这是人世间最美好的相遇，茶被水唤醒，器被水滋养，水被茶和器丰盈了此生，喝茶的人也只能感叹："愿有岁月可回首，且以深情共白头。"

第四节　一碗茶汤的磁场

我有很多因茶结缘的朋友，梁先生就是其中一位，他经历丰富，从部队到地方，身上兼具军人的豪爽和官员的儒雅。我们相识十几年，他喜欢门道的茶，也时时把"门道"挂在心上。

有一次，梁先生和他的画家朋友——中国著名山水画家刘先生一起去新疆出差。他们都爱喝普洱茶，刘先生也是门道的老茶友。根据行程安排，他们去参观了位于吐鲁番的交河故城遗址。

交河故城遗址修建在雅尔乃孜沟两河床交汇处三十米的黄土高台上，有一千多米长，最宽处达三百米，像一片柳叶半岛盘踞在戈壁之上，距今已经一千多年了。该遗址是古代西域三十六城郭之一的车师前国都城，是该国的政治、经济、文化中心。夯土而成的城市因吐鲁番干旱少雨得以保留至今，形制与古代长安相仿，市井、官署、佛寺、街巷、作坊林立，甚至演兵场、藏兵壕、佛龛中的泥菩萨都可以找到。

梁先生和刘先生在解说员的陪同下了解着这座"世界上最完美的废墟"。当时，梁先生腿部旧疾发作，没有去遗址下面参观。突然，刘先生激动地给他打电话，说城堡下面有一个地方也叫"门道"。梁先生一听，好奇心大起，当即忍着疼痛沿着并不平坦的台阶走下去，果然看到了"门道"。

此"门道"非彼"门道"，梁、刘二位先生不由好奇，这是一个什么样的地方？解说员告诉他们，这个"门道"是当时城堡储藏黄金白银的地方，相当于国家的银行。机缘巧合，我们的茶仓也叫门道，梁先生当即很兴奋地打电话告诉我，说看到了一千多年前的"门道"，不过我们的"门道"储存的是比黄金白银更珍贵的普洱茶。

我有很多像梁先生这样的茶友，我们因茶相识，因茶相知，认识了很多年，甚至变成交情很深的老朋友。他们时时把"门道"装在心里，喝了门道的茶，看到与门道相关的事物，都会第一时间告诉我。这就是茶的磁场，你看不见它，它却无处不在，牵引着每一个爱茶之人。

茶有生命，亦有灵性——如同一道流动的彩虹，在释放自己的同时，搭建起了人与人之间的缘分。

Part
生活的美学
4

记得刚到北京开第一家门道茶室时，结识了一对王姓夫妇。王先生长期从事文化工作，儒雅大气有涵养。王太太是医务人员，端正富态，满目善意。本来茶室就开在一个导演的工作室楼下，与他们夫妇相遇相知，又平添了几分文化意味。我们的缘分是从第一泡普洱茶开始的。那天，我为他们亲手泡了一泡正年轻气盛的80年代的中期铁饼。因为他们是头一次喝生普，我担心生普的烈性会让他们望而生畏，没想到，他们与83铁饼的缘分如此通达，一口下去，夫妻俩频频点头，连连说"好茶，好茶"。更让我吃惊的是，他们竟然能说出83铁饼汤色纯、回甘好、生津快、霸气足之特性。

也许这就是天生的爱茶人。那一刻，我告诉他们80年代中期铁饼，又名将军饼。不知是被将军饼所折服，还是其他缘故，那天他们夫妇就收藏了30多饼茶。

从此，门道茶室成了他们业余时间的最爱。几乎每天下班，他们都要打车从阜成门到茶室来喝一泡83铁饼，聊一阵普洱茶的前世今生，才会惬意而回。夫妇俩是一对热心人，时间久了，他们就把文化圈子里的爱茶人也带到了茶室。每次来，大家围在一张长条桌前，以80年代中期铁饼打底，红印首泡，号字级生普收尾，喝得每个人微汗渗渗、经络通畅、心满意足。

于我而言，因为茶，我找到了可以专注一生的事业；因为茶，我找到了一群志同道合的共同期许未来的事业伙伴；因为茶，我结识了以茶为桨，在时光中漫游的朋友，普洱茶让我们拥有了一起慢慢变老的勇气。

其实，做茶虽然快乐，但是更快乐的是分享茶，而最快乐的是与志同道合的茶友在一起品鉴一款大家都中意的好茶。说到号级茶，可能很多人第一个念头就是宋聘号，宋聘号是我十分钟情的一款老茶。余秋雨先生曾在《品鉴普洱茶》中如此评价宋聘号:"宋聘,尤其是红标宋聘而不是蓝标宋聘,可以兼得磅礴、幽雅两端,奇妙地合成一种让人肃然起敬的冲击力,弥漫于口腔胸腔。"

几年前,茶友梁先生给我介绍了一位朋友,他是一位成功的企业家,在喝老茶这件事上,梁先生认为我俩有很多相似之处。比如遇到老茶会不惜重金收入囊中,遇到真正懂茶的人从不吝于分享珍藏的好茶。

2017年夏天,我们相逢在珠江边榕树下的门道茶仓。我知道他是舟山人,那里是佛教圣地,有禅茶一味的底蕴在,就为他挑选了一款2006年的宝焰礼茶,然后又喝了2003年的乔木老树,他说喝乔木老树喝出了易武老茶的韵味。

茶语间,这位朋友很诚恳地对我说,喝了这么多年的老茶,一直有一个遗憾。我问他是什么遗憾,他直言没有喝过乾利贞宋聘号。非常巧的是,我的收藏中,恰好有这一款茶。宋聘在号级茶中地位显赫,所存极少,有"号级之王"的美誉。因为太过珍贵,我也已经很久没舍得喝了。

有朋自远方来,而且在喝茶这件事上我们又有着强烈的共鸣,茶逢知己,一道顶级好茶足矣。我知道那种对一款茶心心念念却不可得是怎样的遗憾,于是,拿出了我封存多年的乾利贞宋聘号。我们在茶叙间,他让秘书从自己茶包里拿出随行的红标宋聘号。这该是怎样奇妙的缘分。他不知我有乾利贞宋聘号,我也不知他带有红标宋聘号,两款本来就一身故事的茶相遇了。作为号字级茶中的极品,提及"宋聘"二字总是惹人无限的遐思,令人忍不住去想普洱茶的辉煌时代,以及留存下来的这些茶经历什么样的故事。宋聘号是一家老茶号,创办于1880年,老板姓宋,故取名"宋聘号",商号主营普洱茶,生产的优质普洱茶为红标宋聘。

乾利贞原是赵姓老板创建的商号，主营棉花、药材和普洱茶，后来把商号卖给了昆明的袁姓家族。袁家是一个大家族，家有七子一女，二儿子还是经济特科第一名。民国时期，袁家产业越做越大，在昆明、思茅、易武、石屏均设有分号。后来，袁宋两家联姻，袁家便收购了宋家的宋聘号，之后制作的普洱茶便是乾利贞宋聘号。

无论是联姻前的宋聘号，还是联姻后的乾利贞宋聘号，都注重普洱茶的品质，只选用六大茶山的大叶种乔木春茶，所制茶饼条索细长紧结，茶汤香气馥郁、喉韵绵长。乾利贞宋聘号将优质普洱茶出口，其产品是香港、新加坡等地普洱茶品质和价格的标杆。

我和他品鉴着这两款宋聘号，聊着两款茶的来龙去脉，收获的是满满的感动。他感怀于这非凡的奇遇，当即取下一块红标宋聘号送给我留作纪念。这份馈赠太珍贵了，我不禁肃然而立，也对这场或许前无古人后无来者的茶会心意难平，差助理把乾利贞宋聘号掰下一块送给他。

一百多年的时空距离，两款茶能够相遇，仿佛是冥冥之中注定的。漫长的光阴已经倏忽而过，岁月沧桑，山河已变了模样，茶却留了下来。这样的一场相遇堪称一场摄人心魄的邂逅……所有老茶是可遇不可求的，喝一泡，少一泡，只会日渐稀少，且终有喝完的一天。所以，每每在老茶里遇见，都会心怀感恩。茶的磁场绵延上百年，我们凭着这一缕茶香相见，何其有幸。普洱茶是有魔力的，它令人钟情、令人上瘾，是一条一旦踏上就会义无反顾走下去的路。

好茶是可以标记时间的，我和茶友腊八喝过蓝印、新年喝过红印、清明喝过 88 青、端午喝过大黄印、大雪纷飞的日子喝过雪印、细雨绵绵时喝过 92 红丝带……喝茶的人、当时的天气、每

图八

247

图九

一道茶的滋味，铭记在心，历历在目。更多的是我们在不同的季节、不同的地方分享门道的乔木老树系列、生态系列、古道系列等作品，茶的变化和人心境的变化，互相交织在一起，凝结为有滋味的时光。

很多人问我为什么做茶，说起来它是一门生意，更本质的原因是做了茶不但可以自己喝，还能跟朋友分享。茶成了大家的念想，这种念想牵连着五湖四海、世界各地的人，也牵连着西南之地的崇山峻岭、茂盛雨林。茶是媒介、是无形的网，连接着我们与他们、我们与自然。

"一个地道中国人的安适晚年，应该有普洱茶伴随。"余秋雨先生如是说。不知不觉间，时光轮转又走过一年。轻轻抖落时间的尘埃，打开被时光眷顾的普洱茶，它们就像安然于光阴流逝中的隐者，有一种气定神闲的超然。"一路草鞋痕，寻入松深处"，不显山露水，却腹有诗华，充实与浑厚、张力与弹性都蕴藏在自有的定力中，轻轻开启，就是不可遏制的强大磁场，凝聚着所有的爱茶之人。

第五节　我在时间里等你

凡事都有定期，天下万物都有定时。生有时，死有时。栽种有时，拔出所栽种的也有时。哭有时，笑有时。哀恸有时，跳舞有时。"神造万物，各按其时成为美好，又将永生安置在世人心里。然而神从始至终的作为，人不能参透。"这是《圣经·箴言》中的话。读到这句的时候，我想到了茶。制作有时，储藏有时，好喝有时，遇见有时。普洱茶，是真正的时间之茶。每一步，皆有定时，带着某种命定的意味，却又在客观科学的轨道内。

一款好的普洱茶，在正当时的季节采下，在合适的时间节点杀青、晾晒、压制成饼，藏在不同的地域，空间与时间交织。十几年的光阴里，始终保持着洁净，自由自在地呼吸。它遗忘了时间，时间却在它的身上留下踪迹。

好的普洱茶，是一种缓慢的艺术。普洱茶经杀青、揉捻、日晒、分拣、拼配、压制而成，在自然的状态下存放十几年，甚至几十年，一块青饼完成了脱胎换骨。涩味消失，杂味不见，再次面世，是陈香、樟香、枣香、兰香，无味之味乃至味，越陈越香恰如初嗅的无香。

普洱茶于漫长的时间中对风味精雕细琢，是时间的醍醐。茶在时光中静默，在这种无声无息中，生活上升为艺术。普洱茶更是一种顿悟，在时间的流逝中完成了修行，是对禅茶一味最好的诠释。茶叶从枝头采下的那一刻起，就开始了与时间赛跑的旅程。做成绿茶要及时杀青，做成白茶要及时萎凋，做成乌龙茶要做青发酵，做成红茶要发酵烘焙。而到了普洱茶这里，似乎注定要输给时间。普洱茶杀青杀得不彻底，晾晒也要兼顾保留微生物群落，而等到压制成饼，普洱茶之后的旅程似乎是举手投降，让时间把自己遗忘。

在时间面前，普洱茶是低着头的谦卑者；而时间回馈给它的，却是粗枝大叶、灰不溜秋、其貌不扬。在青萝翠衫的绿茶前面，或者在绿叶红镶边的乌龙茶前面，普洱茶一定会自惭形秽，似乎是输家。但惊艳的是在撬下一块茶饼，投壶注水出汤一气呵成，澄澈透亮的茶汤一入口时，才明白真正的赢家是不事张扬、以事实服人。所谓越陈越香，不是一般意义上的香，它不是那么张扬，而是优雅内敛的幽香。普洱茶的香不仅仅属于味觉，更是从属于心灵。它是茶香、茶韵、茶气的结合，是一种色香味兼具的综合体感。

这个世界上，找不出两片完全相同的叶子，也找不到两片完全相同的普洱茶。就算是同一饼茶，不同的环境、不同的时间、不同的泡茶人，也是不一样的滋味与韵味。品茗者的心境和身体状态对茶的感应，是万千变化的。

喝过那么多老茶、中期茶，我发现老茶不老，老意味着活力的降低，意味着暮气沉沉，而普洱茶即便存放三十年以上，变成了老茶，它依然还有转化空间。即便是老字辈的号级茶，也依然活性十足，喝后瞬间能在身体里化开。

老茶之老，莫若说其有沉稳沉郁之美。中期及以上的普洱茶，都有绵密厚实的汤感，丰富多变的香气，而其整体感觉却沉稳醇厚。加之苦涩度低、刺激性小，喝起来感觉格外熨帖。而妙处是，普洱茶的茶汤在口腔里是活的，似乎是在舌尖上跳舞。茶入口，一种黏而甜的质感抚触口腔的每一处，喉咙间泛起冰糖甜。这时，轻轻的吸气，混合了花香、蜜香、树香乃至矿物质的粗粝感的野性气息在鼻翼唇齿间回荡。一波未平一波又起，山野植物的活性跨过岁月呼啸而至。

很多茶三泡是味道的峰值，五六泡已达到极限。而优质的普洱茶第三泡只是序曲，五六泡刚刚拉开序幕，一直到十几泡，味道依然醇厚浓郁。到二十余泡，汤虽淡了，但味不散、韵不消。轻柔的熨帖，清爽的甜滑，静谧的时光，人也跟着安顿下来。喝普洱茶就像爬山，一点点攀至高峰，领略过山顶的奇崛后，穿过密林的繁茂，缓缓下坡，回到山脚。仿佛时光回溯，回到了青春年少的烂漫时光。在一杯茶中找"此心安处是吾乡"，那非普洱茶莫属。

茶在时间里，人也在时间里。普洱茶可以越陈越有魅力，人也当如此，不虚度光阴，慢慢积累，厚积薄发，也会越上年纪越有魅力。青春少艾、豆蔻年华确实有着不可抵挡的青春之美，而繁华过后依然风韵十足则是另一种风情，阅历和豁达更具包容性，这样的美才更有广度和深度。

普洱茶既是一种可繁可简的饮品，也是一种由内而外的指引，一种借由时间在空间中的转化，一种以物质始、以精神终的升华。普洱茶为我们提供了丰富而多彩的可能，就算不深究它能带来怎样的灵魂颤动，但至少可以引领我们过一种健康的生活。在一杯茶中，快的慢下来，俗的雅起来，生活是简单的、绿色的、美好的、安静的、充满禅意的、饱含期许的。

251

"人生不相见，动如参与商。"时间的流转，摧毁了美人，打败了英雄，却成就了普洱。这其中的意味，唯有经历过世事沧桑的人才能体会。作为一个普洱茶界里的人，守着门道偌大的茶仓，看着茶仓里老中青幼四世同堂，我既欢喜又忧愁，想到赵州和尚那句"吃茶去"，转而却是释然。

于是，回到茶室，启开一饼茶，煮水泡茶。所有的喟叹，都在那一壶茶里。茶生，如同人生。逝去的时间，都在茶水中泛起，那香气如丝如缕，连绵不绝。时间，原来是芬芳的。我，泡一壶老茶在时间里等你。

茶香流淌，
谁在中央

尾
声

Conclusion

Who's in the Middle
of the Tea

茶香流淌，谁在中央

又到了岁末年初，21 世纪的第二个十年眼看就要画上句号。门道茶仓外的珠江，浪大风急，暮冬时节，虽然一片葱茏，但是风里却夹带着一股凉意。一年之中，也只有这个时候，茶仓里的茶会才有短暂的休憩。我知道它们仍然在发生着变化，只是以相对缓慢的速度。有风，有水，有愿意等待的喝茶人，偶尔慢一点，没有关系。

很多人感慨十年的光阴自己做了什么，对于未来又有怎样的期待。我的目光却总是回到十年之前的另一个十年，那是 21 世纪初的时光，我能清晰地想起第一次到云南茶山时走过的路、飘起的炊烟、山里孩子的笑脸、满院子的茶香，跟老茶师琢磨如何拼配乔木老树茶的激动、忐忑、兴奋与喜悦。时光飞逝，人和茶一起，走过了二十年的时光。

我还记得二十年前，在江湾大酒店 44 层，茶室环绕着老茶的香气，透过落地窗，能看到玉带般蜿蜒的珠江。茶室外总是车水马龙，很多人为了一杯茶而来，他们在一道茶里停歇，然后再次启程。喧腾之后的夜晚，我和好友景岗喝着龙马同庆号，好茶令人渐入佳境，茅塞顿开，万千的念头凝结为两个字，从此便有了"门道"。

珠江悠悠，像广州这座活力无限的城市一样，浩浩荡荡奔流不止。二十年来，我聆听着珠江时而激烈时而和缓的涛声，煮水、泡茶、

2 5 5

饮茶，日复一日，年复一年，就像连绵不绝的珠江水里流淌着所有与茶相关的记忆。一入茶门，从此无归路，就只能在茶道上修行。幸运的是，这条路上总有同行者，从不孤单。

每一年，我都会去几次马来西亚，隔一段时间不去，当地的华侨朋友就会问候、诉说想念。马来西亚已经成为我异国他乡的故土。短短的二十年，国内的变化很大，到了马来西亚，会觉得好像还是缓慢的旧时光。大家聚在一起，照旧喝茶聊茶，做一点茶生意，他们依然对茶有着从不曾减退的热情和期待，茶是日常生活的一部分，不可或缺。变化也是有的，号级茶、印级茶越来越少了，变成了不再能轻易喝到的传说，而杯中的乔木老树、班禅沱、销马沱等中期茶悄然变得柔滑醇厚、芬芳馥郁，我们共同感受着新茶变中期茶，再变老茶的过程。

总有人告诉我在某处喝到了门道的茶，多是在本不知情的前提下盲品，脱口而出这是门道的茶，喝到会有意外之喜，是他处遇故知的欣喜，也是对味蕾敏锐的印证。很多人说，门道的茶是有特点的，很干净纯粹，透着一股阳刚正气，一喝就能喝出来。喝门道茶仓的茶，会渐渐依赖，会有茶瘾。我认识很多茶友，喝门道的茶已经十几年了，几日不喝，就会跟我说想门道的茶了。

被人依赖，既有成就感，也有沉甸甸的责任。能够被老茶客认可是很不容易的，他们都是真正懂茶的人，对茶是有要求的。我深知，他们对一道好茶的盛情不可辜负。门道所做的每一款茶，都不是一个人努力的结果，而是各个环节对茶的理解的集合，门道的客人是其中重要的一环。因为我们共同对红印的追怀，才有了乔木老树系列；因为对蜜花香、烟香的迷恋，才有了生态系列、古道系列。

这些作品，其实都是天时地利人和的凝聚，环环相扣，最终接近了完美。每一个环节都是汗水的结晶、灵魂的碰撞，所以当看着杯中那一把干枯的叶片在热水的浸泡中舒展、绽放，深嗅着它发出的那股沁人心脾的茶香，我会领悟到一切的一切都来之不易。那一刻，我深知这茶香的源头，既在双手，更在心间。

很多人说，普洱茶界像一个江湖，有门派之分，有地位之别。在我看来，普洱茶本身就是一个世界，包罗万象，参差多态，有门无界。

有时，茶的世界很小，小到一个转身，就遇到了故人。

比如，我曾在外地出差时丢了一饼龙马同庆号老茶，谁曾想茶被转赠到一位高僧手中，而更神奇的是，时隔几年，我们会在寺里的茶室，听风观雨，共饮一道红印。又如，百年前的宋聘号和乾利贞宋聘号在百年后会相遇，一切如冥冥之中早已注定。再比如，跟人喝茶时聊到另一位茶友，发现是共同的朋友，因为茶的存在，人与人的线状关系会变成网状，彼此相隔可能只有一两个点。

有时，茶的世界又很大，大到无垠，时时可以开辟新的疆土。比如，茶可以跨越山河，漂洋过海，由"一带一路"抵达欧洲、南洋，即便语言不通，茶亦能作为中国文化的符号，叩响人们的心扉。又如，英国的爱德华不远万里来到中国，我们成为朋友，我

尾声
Conclusion

带他去看云南的茶山、过傣族的泼水节，他也邀请我去英国，举办茶会，进行一场东方普洱茶与西方葡萄酒的碰撞。再比如，我与国际知名设计师周仰杰先生聊他设计中的灵感、谈中国的茶道，他能从一杯普洱茶中喝出原野之气、烂漫花香，我也能感受到他的作品中自然的气息。

茶是一个世界，却无界，任何人可以入门，任何人可以受益。

有时候会想，如果没有遇见茶，我会经历什么样的人生？只是，人生没有如果，在一维的时间国度，我们所做的每一种选择都指向了唯一的必然。站在下一个十年的路口，如果真要总结经验，我可能会说，选择你喜欢的那条路，并为之投入一百分的热情，你一定会得偿所愿，找到自己的价值。

唐代诗人陈子昂在登高时感慨"前不见古人，后不见来者"，有一种知己难求、独在高处的孤独。而在普洱茶这条路上，却与之相反，前有古人，后有来者，不愁知音，众乐乐多于独乐乐。

普洱茶是真正讲传承的茶，不只是技艺的传承，更是时间的延续。作为一个在普洱茶世界徜徉的人，何其有幸，我品饮到了百余年以来先辈的遗爱，并沿着老茶的线索，塑造着新茶的骨骼，见证了时间在它们身上雕刻的印迹，两两比照，似乎寻到了旧日的味道，这真是一种美妙的复刻。

倾其所有，一个人一生只能干一件事。二十余年过去了，普洱茶成为我生命中最重要的部分之一。它就像是我的孩子，映照着我的过去，也指引着我的未来。它让我笑过，也让我哭过。我给予了它倾其所有的情感和爱恋，它每时每刻回馈我温暖与味道。

茶香流淌，谁在中央？

是云南高矮起伏山谷中的一棵棵古树，它们是源头，是一缕茶香的起点；是采摘三月春尖的手，是品咂调配集众山头之长的老茶师的味蕾，是压制成饼揉制成沱时那颗温柔而坚决的心，匠人接力，将一缕茶香封锁。

是漫漫的时光，与静默的茶仓互成经纬，让一饼茶或安顿常驻，或短暂歇息，或度过富足童年，或颐养天年，茶香却由此厚积薄发；是等待的人，我们一次次的相互观望，你看到我涉过时间的河一直沉默不说，我见证你被时光抚摩塑造也只能静待一旁。在相遇的那一刻，除了深情相拥，其他都是多余。

茶香流淌，流淌在以十年为期的时光之河，流淌在自成宇宙的门道茶仓。第二个十年已经过去，熟成的香，青涩的香，圆润的香，交相辉映。它们一同叩响下一个十年之门，我追随着它们的脚步，只愿茶香流淌得更远，坚信茶香能抵达更远的远方。

尾声
Conclusion

致

谢

Postscript

独处令人沉静，也让人沉思。喝一道茶，看一看茶仓里的老茶、新茶，恍然间发现，我走进了普洱茶的世界。在书稿即将付梓成书之际，我忍不住自问：为什么要写这样一本书？

是想出名吗？不是！我知道自己是一个低调的人。是要炫耀自己的生活吗？也不是！不事张扬是我的个性。了解我的亲人朋友都知道，我只想简简单单做茶、生活，特别不愿意抛头露面、博取虚名。

从萌生写这样一本书到初稿成形，整整过去了六年。我一直犹豫、踟蹰，身边的朋友责备我："你是个干脆的人，怎么这么磨叽了？"我总觉得跟茶界的诸多前辈相比，我资历尚浅，而这本书却承载着我太多的责任和担当。

一是门道茶仓和门道品牌确实需要这样一本书，成立二十余年来，门道的创立源起、无悔坚守、成功与挫败、荣辱与悲欢，需要梳理和记录。

二是一入茶门深似海，我在普洱茶的世界徜徉多年，对普洱茶的爱已流淌在我的血液里。这一路遇到的人、发生的事，那么有趣，那么刻骨铭心，我想把它们沉淀为能与朋友分享的文字。

Postscript
致谢

三是这些年门道做了大量的工作，从创立初始，我们便坚持干仓立命，始终以高端优质好茶为导向，守护普洱茶的纯粹。门道茶仓所积累的思想与科学需要总结。

六年来，朋友们多次催问进度，我一拖再拖，写写改改，终于在诚惶诚恐中完稿。在我写此书的过程中，一路上遇到了很多良师益友。他们对我有督促、有鼓励，或提供专业帮助，或馈赠珍贵图片资料，以各种方式帮助我，我一直铭记在心。没有他们，就没有这本书的最终完成。

感谢门道的诸多茶友，多年来始终关注门道的成长与发展，在关键节点给予建设性的意见和建议。你们与门道有着共同的愿景，即分享一杯好的普洱茶。认识你们，我深感荣幸，在此谨向你们致以谢意。

感谢你们，感恩茶，此生有幸，我前行的路途一直有你们！

门道干仓茶的
转化密码

附　录

Appendix

How Mendao's Dry
Warehouse Tea is Made

1 云南茶山的发展与分类

2003 年，我和团队第一次前往云南西双版纳的易武茶区，当时走访了很多村寨和茶园。之后，几乎每年也都会去一趟云南茶山，并在易武和班章两个典型代表的茶区设立初制所。我的弟弟张齐炀一年有八个月的时间在云南茶区，负责茶青的收购、毛料的生产等工作。多年来，我们团队的工作人员一直处在茶叶生产的第一线，在前人的基础上，收集整理了很多关于云南茶山的信息和资料。云南茶山是非常复杂而多样的，根据区域分布、树龄的大小、种植方式、采收等级等，有不同的划分标准。

1.1 现代普洱茶区域分布

云南的普洱茶主要分布在澜沧江中下游流域，从澜沧江与北回归线交汇处，可以划分为东西南北四大茶区。因地理与气候条件的不同，各茶区呈现出不同特点。云南的茶区一直以澜沧江中下游为主体，习惯上有"四大茶区"之说，即普洱茶区，临沧茶区，西双版纳茶区，保山、大理、德宏等滇西茶区。我们甚至可以简单地把云南茶区确定为"南路茶区"（西双版纳、普洱茶区）和"西路茶区"（临沧、保山、德宏及大理南涧地区茶区）。

1.2 云南茶山的发展与分类

云南是茶树的发源地，分布着古茶树、古茶林和古茶园。这些古茶树对于研究世界茶树的起源、茶树系统演化及茶树的驯化和种植有非常重大的意义。云南的茶树经历了野生型、过渡型、栽培型、荒山茶、等高条植茶园、无性繁殖茶园、无公害生态茶园的过程。如今，多种形态均保留在云南各个茶区，每种类型的茶因生长方式、生长环境不同而具备不同的性态，有些具有较高的品饮价值、经济价值，有些则无法被人类使用。

2 原料工艺要求及控制

第一次去易武，我就被当地茶农守护着的传统工艺深深打动。当时，他们就用炒菜的铁锅对茶青进行杀青，然后在院子里摊晾。那里的阳光非常灿烂，走进茶农家的院子，弥漫着的是沁人心脾的蜜香。晒青是普洱茶特别的杀青方式，每一片叶子都吸收了日光的能量，同时也开始了最初的发酵历程。这么多年来，门道跟当地茶农一直保持着良好的合作关系，每年他们都把最好的原料卖给门道。其实，从 2007 年开始，普洱茶的原料价格节节攀升，尤其是古树茶，价格更是不知翻了几倍。但是，门道为了做一款好产品，始终在用最优质的原料，以传统的生产方式，对待每一款茶。

2.1 晒青工艺是普洱茶陈化的基础

晒青，指茶叶在杀青完成之后，摊放到太阳下，进行晒干处理，这种方式是最传统、最自然的干燥方式。晒青并非普洱茶特有的生产工艺，却是形成普洱茶后期陈化的重要工序之一。

茶叶在晾晒之前，会先进行炒青。铁锅杀青是云南茶区传统的杀青方式，待铁锅温度达到一定时，投下鲜叶，重点是叶片温度要控制在 60 ~ 65℃。鲜叶投入后，铁锅的热传导作用使鲜叶中的水分逐渐散发，随着不断的翻炒，水气很快挥发掉，鲜叶也变得越来越柔软，大量失水后青草气逐渐消失，茶香出现。因大叶种含水量高，杀青时必须闷抖结合，使叶片失水均匀。研究表明，60 ~ 65℃的温度是没办法完全而彻底钝化酶的活性。正因为如此，后面常温条件下的加工，茶叶仍处在酶促氧化反应当中，尽管这种反应是缓慢的。

铁锅杀青之后还要进行揉捻，目的之一是让茶叶细胞壁破碎，使茶汁在冲泡时提高浸出率；二是使茶叶成条，方便后期陈化。揉捻会根据原料的老嫩灵活掌握，嫩叶轻揉，老叶重揉。

晒青是将揉捻好的茶叶在太阳光下自然晒干，最大程度保留茶叶中的活性物质，而且晒干的茶叶表面细胞空隙最大，有利于在发酵过程中产生足够的热量。晒青干燥的过程、温度、湿度适合，既有漫长的自动氧化，又有光催化反应，能够促进茶叶内含物质氧化，进而为后续的陈化提供了基础条件。

活性酶、氧气、晒青光照或揉捻时的温度，提供了氧化反应的所有条件。尤其是酶的活跃温度为 20 ～ 50℃。我们从中可以清晰地看到，晒青毛茶保留了活性酶，后期加工过程中又具备酶促氧化反应的条件，这就是普洱茶的初步发酵，即使这种发酵属于轻缓慢微的发酵。因此，普洱茶在制作的第一个环节，已经开始了缓慢的发酵。

2.2 压制的松与紧

很多人喜欢 80 年代中期铁饼，原因就是这款铁饼压得紧，茶气足，香气高扬，80 年代中期铁饼是紧压茶的典型代表。紧压茶经蒸揉或蒸压成型，有沱茶、紧茶、圆茶（后改名七子饼茶）、方茶、饼茶、砖茶、贡茶、竹筒香茶等压制茶，习惯上统称紧压茶。

普洱茶压制的紧实程度与后期陈化速度有一定关联，相同的茶品、相同的存放环境，越是紧压，陈化速度越慢，茶质的保留度越高，香气越明显；相反，压制较松散则陈化快、汤水滑，但香气下降明显。

3 影响普洱茶转化的因素

影响普洱茶后期转化的因素是多样的，而在前置因素中，原料的树龄、产地、老嫩度等发挥着不一样的作用。

在现行的普洱茶国家标准中，云南大叶种是普洱茶国标内唯一指定可用于生产、制作普洱成品茶的原料。而在普洱茶实际制作过程中，

图 1　影响普洱茶转化的前置因素图

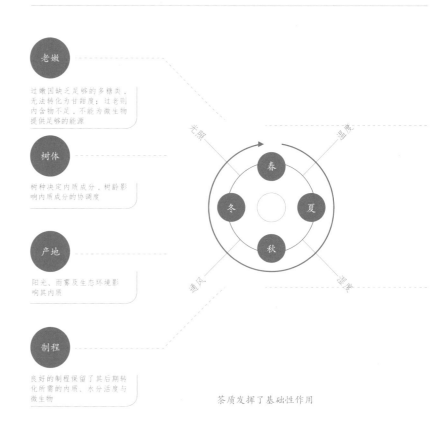

老嫩
过嫩因缺乏足够的多糖类，无法转化为甘甜度；过老则内含物不足，不能为微生物提供足够的能源

树体
树种决定内质成分，树龄影响内质成分的协调度

产地
阳光、雨雾及生态环境影响其内质

制程
良好的制程保留了其后期转化所需的内质、水分活度与微生物

光照

温度

通风

湿度

春　夏　秋　冬

茶质发挥了基础性作用

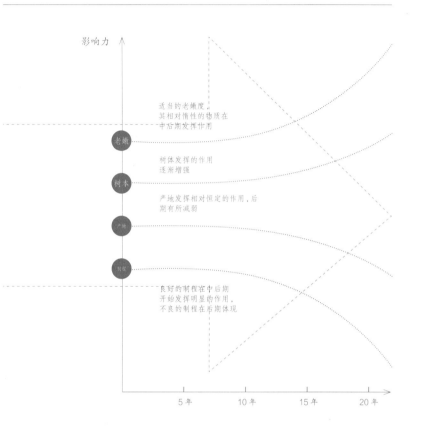

影响力

适当的老嫩度
其相对惰性的物质在
中后期发挥作用

老嫩

树体发挥的作用
逐渐增强

树本

产地发挥相对恒定的作用,后
期有所减弱

产地

制程

良好的制程在中后期
开始发挥明显的作用,
不良的制程在后期体现

5 年　　10 年　　15 年　　20 年

个茶山就是云南小叶种普洱茶的优质产区。普洱茶树龄可达数百年以至上千年,树高可达 10 米以至 20 多米,树型包括乔木型、小乔木型、灌木型。

树龄小的茶树,氮的代谢比较旺盛,生成的氨基酸、蛋白质、茶多酚等较多,茶也比较鲜爽,但甘甜度稍差。树龄大的茶树,碳的代谢更明显,生成的单糖、低聚糖、多糖、糖蛋白和糖脂等较多,茶的苦涩度低,甘甜度好,醇厚度也好。

原料不但看树龄,也看老嫩度。判断茶叶的嫩度,主要看芽叶比例与叶质老嫩,还要观察芽毫及条索的光糙度等。芽与嫩叶所占的比例越大,茶叶的嫩度越高。但是即使同样都是芽与嫩叶,叶子的厚薄、长短、宽窄和大小也会有所差别。

从品质特点来说嫩茶果胶丰富,口感柔滑饱满,鲜度高,不寡涩。粗老的茶叶涩度高,香度低,口感更为粗犷。但因为粗老的叶梗纤维素、木质素含量高,后期能转化出较多的多糖物质。因此,用较粗老的原料制成的普洱茶,甜味明显。

总的来说,品质上乘的茶,不仅仅只选用嫩茶,而是拼以各种级别的茶,以形成丰富的内含物质,这样才能在缓慢的转化后呈现更饱满丰富的口感。

4　普洱茶的陈化机理

门道分析了近二十年的样本发现,普洱茶的转化存在以年为单位的规律性的转化曲线,四季温湿度的变化决定了普洱茶的活跃期与休眠期。以下研究结果以门道茶仓及门道仓储茶品为对象。

普洱茶的陈化是其内含物质与空气中的氧气、有益微生物菌群在合

2 6 9

适的温湿度条件下进行酶促反应的过程。这种反应主要为茶叶内部的各种物质自发的氧化还原、聚合分解，其反应速度极慢，各种茶叶的陈化都以此类反应为主导。温度是影响普洱茶转化速度的一个重要因素，温度升高能够加速各种化学反应的进程；而水分则是化学反应的媒介，它能够使化学反应加快。但普洱茶的转化并非越快越好，也并非越慢越好，它自有其转化规律（图2、图3）。

普洱茶的生命力体现在漫长的转化过程中，它一直在与周围的环境进行互动，就像人一样，在一呼一吸间成长。人有适宜的生存温湿度，普洱茶也对温湿度有相应的需求，在达成一定的平衡韵律下，成茶的品质也呈现协调、稳定的特质（图4）。

图2　普洱茶转化机理（内外因）

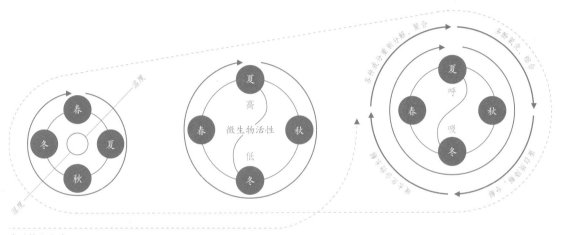

自动氧化体系

●在茶质（陈化前）确定的情况下，通过顺应、选择、调整外在条件来促进转化。外在条件实际上是顺应天地内在变化机理，外显为四季的温度、湿度这两个关键条件，以及通风、阳光等因素，每天为一个小周期（日轮），四季为一个基本周期（年轮）。●通过年轮的周期变化，引起两个路径变化——微生物的活性周期变化和自动氧化体系反应的变化（直线发展）。夏季高温、高湿天气，微生物处于高活跃期；冬季低温天气，微生物处于低活跃期，甚至会处于休眠状态。●微生物分泌胞外酶，促进一系列成分进行反应，同时自动氧化体系也进行推动，在微生物活跃期（高温期）茶体发挥"呼"的作用，在微生物非活跃期，茶体发挥"吸"（内部蓄势）的作用。因整个成分反应为连锁反馈体系，呼吸作用不可过快——引发各部分反应失调，也不可过慢——无力带动次级反应。茶体呼吸作用，推动整个茶体进行大周期变化（如果将茶体作为单个生命来看，经过几十个年轮的历练完成一个大的生命周期）。

图3 普洱茶转化机理（分子水平）

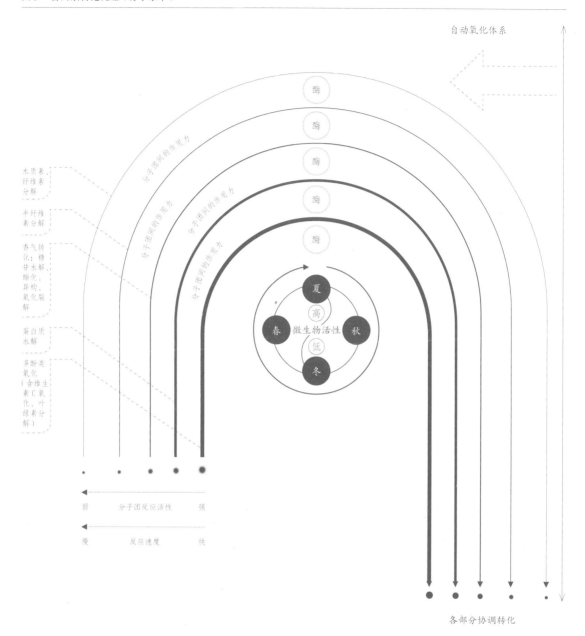

自动氧化体系

木质素纤维素分解

半纤维素分解

香气转化：糖苷水解、酯化、异构、氧化裂解

蛋白质水解

多酚类氧化（含维生素C氧化、叶绿素分解）

分子团间的作用力

夏
高
春　微生物活性　秋
低
冬

酶

弱　分子团反应活性　强

慢　反应速度　快

各部分协调转化

●温和的微生物活动周期与自动氧化带来各部分协调转化。●渥堆、湿仓剧烈的微生物活动带来各部分反应速度失调，致使各部分之间"错位"。●温湿度过低则无力带动各部分转化。

2 7 1

图 4　普洱茶呼吸规律

反应的基质与势能，随着茶体呼吸作用逐渐减弱，熵值增加，能量由非平衡态逐渐转入平衡态

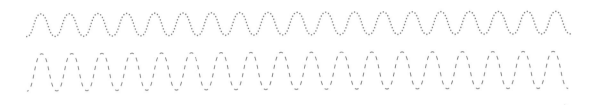

冬 夏 冬 夏 冬 夏 冬 夏 冬 夏 冬 夏 冬 夏 冬 夏 冬 夏 冬 夏 冬 夏 冬 夏 冬 夏 冬 夏 冬 夏 冬

激烈的微生物活动带来各成分协调性不足	温和有规律的活动带来协调转化之美	难以变动与转化
激烈	温和	沉寂
激烈的呼吸带来心神的紧张	专注细长的呼吸带来心神宁静与放松	无法呼吸、无法维持生命

——　吐纳作用
⋯⋯⋯　微生物活动状态
－－－　温度

5　普洱茶的陈化周期

门道茶仓的样本涵盖了当季新茶到百年以上的老茶，品种包括了生茶和熟茶。门道选取了各个年份的茶为样本，并购买了其他仓储条件下的普洱茶做样本（为了避免品牌纠纷，特略去样本名称），进行了对比分析，关于普洱茶转化周期有以下发现。

5.1 干仓普洱茶陈化周期

干仓存放的普洱茶转化缓慢，1～5年都可以称为新茶，6～9年处于不稳定的尴尬期，10年是分水岭，开始步入适宜品饮期。之后，10～30年品

质稳步上升，30年左右达到顶峰，30年以上的普洱茶可称为老茶（图5）。在存放上以减少与空气接触、减少风味物质流失为主（图6）。

5.2 湿仓普洱茶陈化周期

湿仓存放的普洱茶从第6年开始发生急剧变化，在第16年达到一个高点，从20年开始，品质逐渐衰减。从整体上来看，普洱茶一旦经湿仓存储，品质难以与干仓媲美（图7）。

5.3 熟茶的陈化周期

熟茶也需要陈化，熟茶从入仓之后，

品质逐渐醇化改良，存放五六年之后达到最佳品饮期。从10年开始，熟茶的品质呈下降趋势（图8）。

6　陈化过程中普洱的香型变化

普洱茶香气是由一系列的挥发性成分组成，它们的含量多少与阈值高低决定了普洱茶最终的香气类型。萜烯类是体现花香、蜜香的重要来源。萜烯类是在陈化前、初制过程中产生，随后在陈化过程中，由内

图 5　普洱茶陈化周期（干仓）

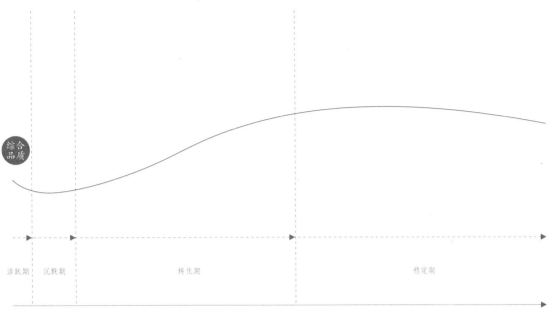

综合品质

活跃期　沉默期　　　　　　　　　　转化期　　　　　　　　　　　　　　稳定期

1 2 3 4 5 6 7 8 9 10 11 12 13 14 15 16 17 18 19 20 21 22 23 24 25 26 27 28 29 30 31 32 33 34 35 36 37 38 39 40 41 42 43 44 45 46 47 48 49 50

年份

●活跃期（1～2.5 年）：激活孢子，进行初级氧化反应。●沉默期（2.5～7 年）：蓄势，优势微生物种群培养期，引发次级氧化反应及连锁反应。●转化期（7～27.5 年）：优势微生物种群活跃，分泌大量适宜的胞外酶，引发综合反应。●稳定期（27.5 年以上）：反应活性较大的物质基本完成转化，惰性的物质继续缓慢转化。

2 7 3

图 6　普洱茶陈化周期品质因子变化（干仓）

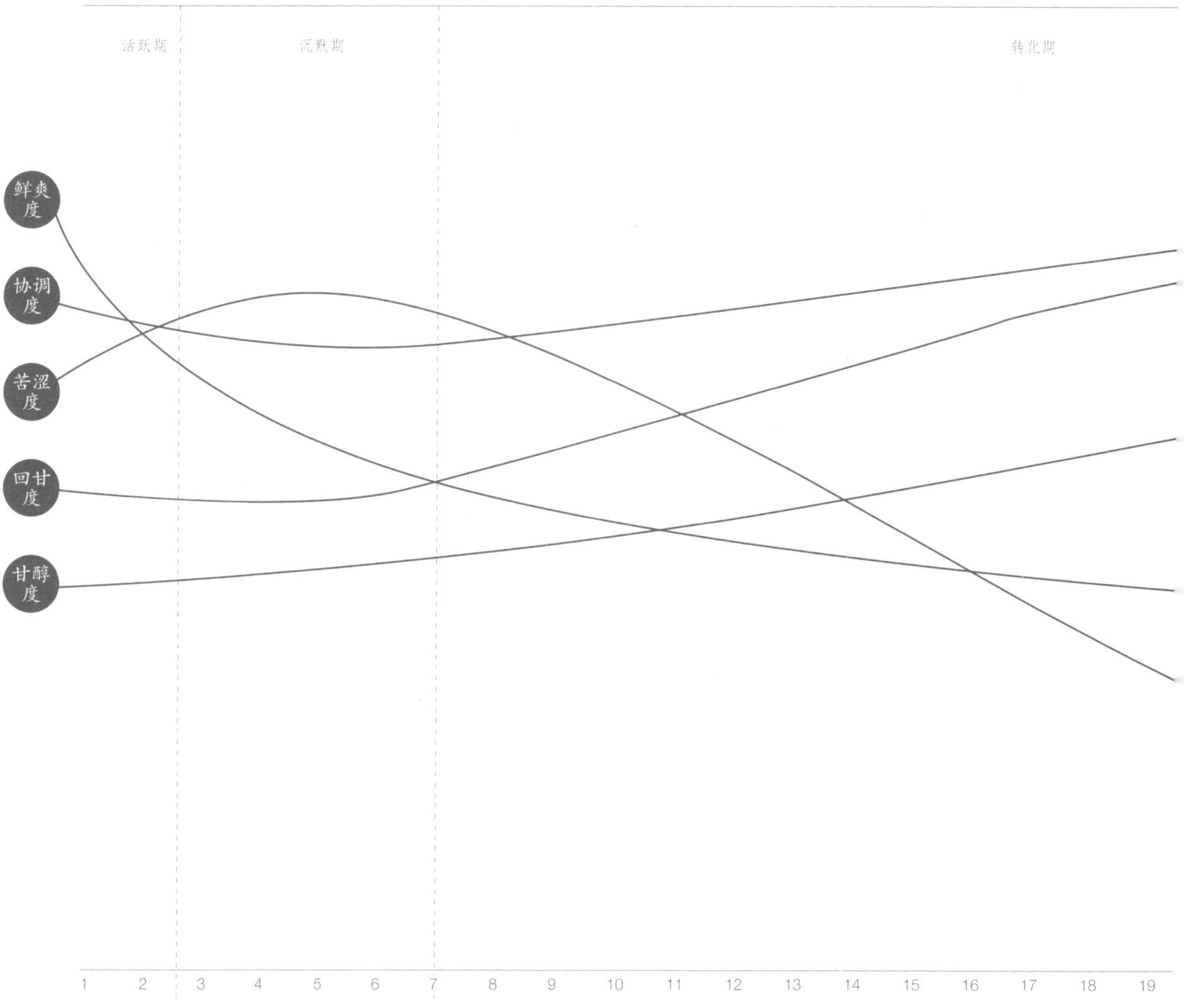

	活跃期	沉默期	转化期

鲜爽度

协调度

苦涩度

回甘度

甘醇度

1　2　3　4　5　6　7　8　9　10　11　12　13　14　15　16　17　18　19

香气 | 青香为主，兼有花香蜜香 | 青香为主，花香蜜香减弱 | 刺激性的基本青气挥发完毕，水解、异构、酶化形成新的花香、蜜香，后期木香、陈香开始显露

口感 | 苦涩 醇厚 鲜爽 回甘 | 苦涩、醇厚、协调性弱 | 苦涩味变弱，厚度与甘甜味增强，后期协调性回甘度增加

汤色 | 黄绿色 | 绿黄色 | 黄偏红—红亮

稳定期

木香、陈香突出而变强，花香、蜜香减弱

涩味弱，但有质感、厚度与回甘度佳，
回甘延伸至喉部，整体协调圆润

深红亮

21 22 23 24 25 26 27 28 29 30 31 32 33 34 35 36 37 38 39 40

年份

2 7 5

图 7　普洱茶陈化周期品质因子变化（湿仓）

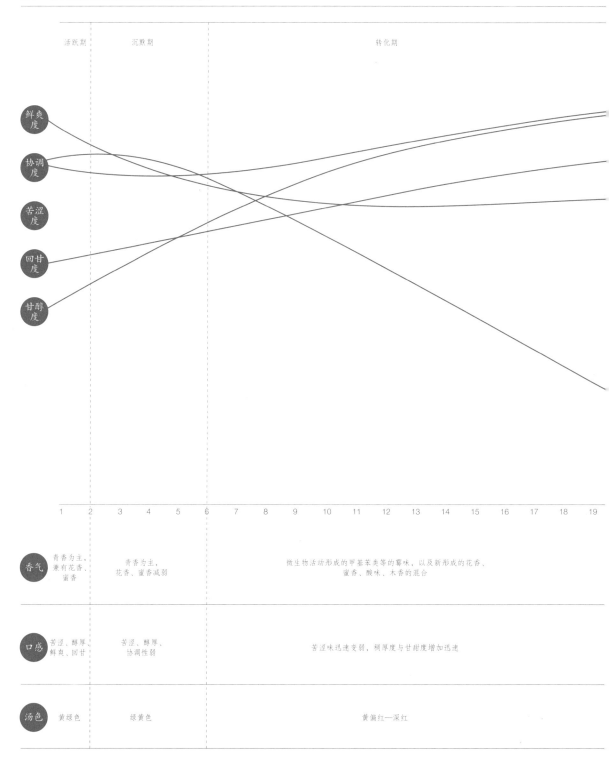

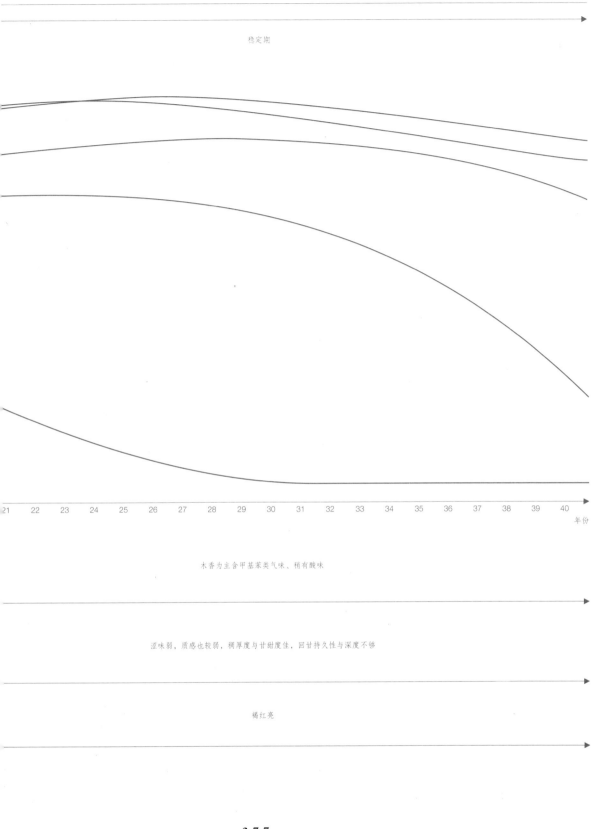

稳定期

21　22　23　24　25　26　27　28　29　30　31　32　33　34　35　36　37　38　39　40

年份

木香为主含甲基苯类气味、稍有酸味

涩味弱，质感也较弱，稠厚度与甘甜度佳，回甘持久性与深度不够

褐红亮

277

图 8　普洱熟茶陈化周期（干仓）

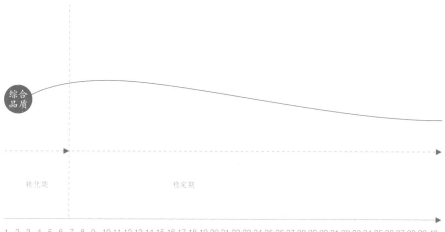

● 熟茶在渥堆过程中完成了活跃期与相当部分的转化期，不宜在湿仓条件下进行。
● 转化期 1～6.5 年：前期渥堆剧烈的微生物活动带来的刺激性物质进行转化，茶褐素进行逆向转化成茶红素。● 稳定期 6.5 年以上：惰性物质缓慢转化。

部反应产生。随着时间的推进，其产生的积累效应（吸）大于挥发效应（呼），且处于上升趋势，所以随着陈化过程会出现更浓的花香、蜜香；之后挥发效应（呼）大于积累效应（吸），则花香、蜜香减弱。陈化程度越深的茶样，萜烯类、酮类、酯类、醇类含量都越低。产生木香、陈香的物质本身需要很长时间的反应才生成，加之萜烯类与其他类香气物质的降低，木香、陈香开始显露（图 9）。

7　普洱茶的仓储要求

门道茶仓之所以选择广西贸易仓，一是看中了这些仓库是食品仓，本来就是存放食品的，卫生条件达标；二是这些仓库挑高达 4.6 米，里面干燥通透，符合自然干仓的要求。

后来，随着很多茶的转化结果，我们总结发现，门道茶仓紧邻珠江，有得天独厚的优势。这是因为，在广州大的气候条件下，珠江的风和水形成了独特的小气候，茶仓的温湿度由珠江天然的水汽和风来调节，水汽蒸腾，让茶仓保持一定的湿度，珠江的风大又可以保证水汽散得开，不至于滞闷。

众所周知，广州的气候常年温润，但也有四季的变换，能够保证普洱茶完成春夏秋冬这一大的循环。门道茶仓有两个特别的地方，一是我们的茶都放在二层以上，隔绝了一层地面的潮气；二是紧邻珠江，能够利用珠江的风和水自然调节温湿度。所以，门道的茶是上扬的、通透的，有一种特别的干香。四季轮回，茶仓内温湿度曲线起伏，普洱茶在一呼一吸间完成蜕变。吐纳之间，风味不断转化、积累。基于门

道茶仓二十年的仓储时间，我们对于茶仓的选择、建设和维护有以下的经验总结。

7.1　茶仓必须为干仓

所谓干仓，指干燥、通风、温湿度适宜的仓库。干仓的自然陈化，才能保证茶的香气、滋味更加醇正，饮用也更为健康。与此相对应的是在普洱茶的仓储过程中一定要避开湿仓，当温湿度超过茶的承受界限，违反了茶发酵的规律，就容易造成茶叶内细菌滋生，破坏茶的纤维结构，从而产生霉味，整体拉低茶的品饮价值，甚至危害身体健康。其中，茶仓的通透性极为重要。根据环境条件，定时的通风可以更换茶仓里含氧量低的空气，不但能为茶仓补充所需的氧气，也能增加不同季节的活性酶，使普洱茶的后发酵更富层次，口感滋味丰富饱满。当然，在梅雨季节或空气湿度过高时，应封闭茶仓的门窗，避免茶仓湿度过

高而导致茶品受潮（图10、图11）。

7.2 参与普洱茶后发酵的有益菌群和有害菌群

黑曲霉：黑曲霉是一种低等真核生物，作为世界公认的安全可食用菌种，在工业生产和学术研究中占有重要的地位。作为参与普洱茶品质形成的重要菌种，研究其生命周期及其代谢产物变化有着重要意义。黑曲霉可以生产胞内、胞外两类酶，有20种左右的水解酶。其中葡萄糖淀粉酶、纤维素酶和果胶酶，可以分解包括多糖、脂肪、蛋白质、天然纤维、果胶和非可溶性化合物等有机物。水解产物大多为单糖、氨基酸、水化果胶和可溶性碳水化合物，使茶叶内含的有效成分易于渗出、扩散，为增强茶汤的滋味和形成普洱茶甘滑、醇厚的品质特色奠定了坚实的物质基础。

青霉属：在普洱茶渥堆过程中青霉产生多种酶类及有机酸，同时，黄青霉代谢产生的青霉素对杂菌、腐败菌可能有良好的消除和抑制生长的作用。因此，黄青霉对普洱茶醇和品质的形成有辅助作用。

根霉菌：根霉菌的淀粉酶活力较高，能产生有机酸，还能产生芳香的酯类物质；由于分泌果胶酶能力强，普洱茶软化也与该霉滋生有关。控制好适当的温度和湿度，提高根霉菌的比例，有利于普洱茶黏滑和醇厚品质的形成。

灰绿曲霉：该菌种会使食品腐烂变质，生产中应尽量避免菌群的滋生。经试验可知，在大生产中出现得较多，而模拟、灭菌渥堆试验加工的普洱茶中较少出现且后期会消失。

整体而言，茶仓应控制合适的温湿度，增加有益菌群的作用，抑制有害菌群的产生。

7.3 温度不可骤然变化

茶仓的温度不能骤然降低或升高，温差变化太突然，会影响普洱茶最终的品质，影响茶汤水性的活度。如果茶仓温度骤然升高，在闷热的环境下，茶转化迅速，可能使生茶在短时间内转化。通风也是调节茶仓温湿度的重要手段，以夏季为例，在早晚的时候，室外温度低于茶仓温度，通风能够为茶仓降温。

7.4 避免杂味感染

茶容易吸附异味，明代罗廪在《茶解》中写道，"茶性淫，易于染着，无论腥秽有气之物，不得与之近，即名香亦不宜相杂"。因此，茶仓应力求环境清洁、无杂味。

图9 普洱茶陈化香气成分变化趋势

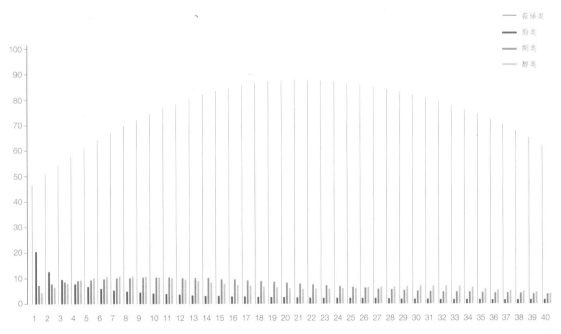

附录
Appendix

图 10　普洱茶贮存条件与转化周期关系示意图

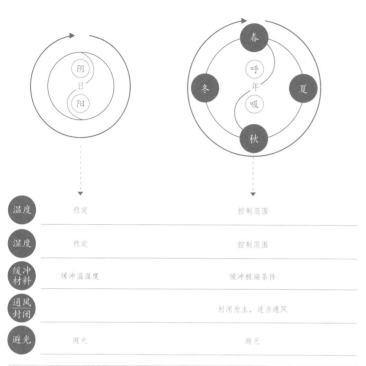

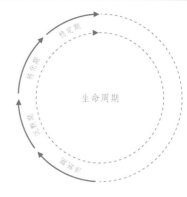

温度	稳定	控制范围
湿度	稳定	控制范围
缓冲材料	缓冲温湿度	缓冲极端条件
通风封闭	封闭为主，适当通风	
避光	避光	避光

8　茶仓

普洱茶陈化品质是由陈化处理技术和陈化时间两方面决定的，要评价普洱茶的品质，还得从实际感官和理化表现来判定，而不是由放置时间来判定。为此门道建立了普洱茶评价的感官和理化指标体系，定时检测普洱茶陈化过程中的数据变化。门道团队每年、每月，甚至每天，都监测着茶的变化，收集了大量的数据。经过二十年的经验总结，门道团队发现，在陈化过程中，普洱茶的香气浓度会随着茶仓条件的改变而改变，香气的种类和比例也会发生显著的变化，陈化过程中会有新的香气组分生成。陈化生香是有科学依据的，适宜的茶仓条件能够强化陈化生香的效果。因此，有必要进一步摸清普洱茶陈化加工的香气转化规律，从而提高陈化技术，实

现陈化加工科学化。

对比广州、马来西亚、云南等地存放的普洱茶，我们发现，温湿度能够极其显著地影响普洱茶感官和理化品质，影响普洱茶转化的速度。马来西亚的温湿度较高，普洱茶转化较快，当地就有"存一年如三年"的说法，但高温高湿容易造成内含物质过快消耗，影响普洱茶的底蕴。马来西亚的一些茶仓会通过空调、除湿机等来控制温湿度，防止普洱茶过快转化影响其风味和口感。而像云南的昆明、大理等地，气候干爽，普洱茶明显转化较慢。

门道在尊重普洱茶茶性和自然规律的前提下，适当控制茶仓的温度和湿度，在湿度较高的情况下及时通风除湿，一定的人为干预对于提升

普洱茶的品质有着非常重要的意义。

8.1 活化仓

活化仓有老仓与新建仓之分，老仓因微生物菌群稳定，活化期所需时间较短。而新建仓活化期则需要较长的时间，待后期仓库微生物种群稳定后，方可将活化期缩短。一般而言，在菌群稳定的仓库，新茶进入接种 1-2 年再进入转化仓。

8.2 转化仓

在转化仓，普洱茶进入平稳的转化阶段。微生物活动十分温和，因温湿度适宜，这一阶段主要利用的是有益菌群。该阶段的长短，视茶质情况及市场情况灵活调整，但茶不得直接出仓，须经过退转仓之后方可出仓。

8.3 退转仓

退转仓是让转化相对较快的茶进入转化相对和缓的阶段，以产生稳定协调的口感为主要目的。产品必须经过退转仓之后，才可出仓。

8.4 醇化仓

当茶经过较长时间的转化，品质已进入最佳，为保持其内含物质的稳定性，需终止进一步转化。此仓处于产品"静养"阶段，尽量减少与外界及人的互动。

图 11　普洱茶贮存条件与转化周期关系示意图

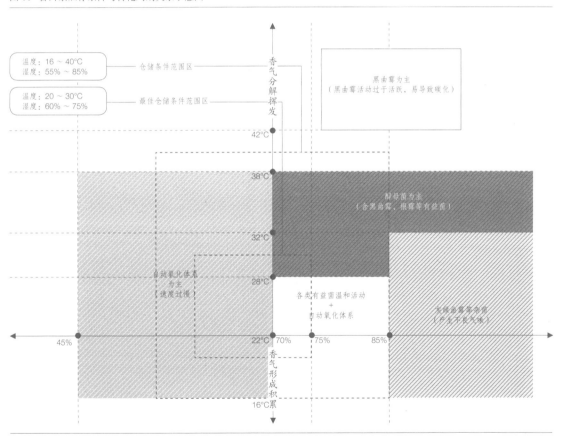

281

图书在版编目（CIP）数据

门道茶仓：时间的味道 / 张齐岩编著. -- 北京：
中国农业出版社，2022.3

ISBN 978-7-109-28740-2

Ⅰ. ①门… Ⅱ. ①张… Ⅲ. ①普洱茶－基本知识
Ⅳ. ①TS272.5

中国版本图书馆CIP数据核字(2021)第168443号

门道茶仓：时间的味道
MENDAO CHACANG: SHIJIAN DE WEIDAO

中国农业出版社出版

地　　　址：北京市朝阳区麦子店街18号楼
邮　　　编：100125
策划编辑：颜景辰
责任编辑：贾彬　陈瑨
书籍设计：张志奇工作室
责任校对：吴丽婷
印　　　刷：北京雅昌艺术印刷有限公司
版　　　次：2022年3月第1版
印　　　次：2022年3月北京第1次印刷
发　　　行：新华书店北京发行所
开　　　本：787mm × 1092mm 1/16
印　　　张：18.75
字　　　数：300千字
定　　　价：280.00元

版权所有·侵权必究
凡购买本社图书，如有印装质量问题，我社负责调换。
服务电话：010-59195115　010-59194918